"家风家教"系列

忠
言传身教正己身

水木年华 / 编著

郑州大学出版社

郑州

图书在版编目（CIP）数据

忠——言传身教正己身/水木年华编著. —郑州：郑州大学出版社，2019.2
（家风家教）

ISBN 978-7-5645-5924-3

Ⅰ.①忠…　Ⅱ.①水…　Ⅲ.①家庭道德-中国　Ⅳ.①B823.1

中国版本图书馆 CIP 数据核字（2019）第 001360 号

郑州大学出版社出版发行

郑州市大学路 40 号　　　　　　　　　　　邮政编码：450052

出版人：张功员　　　　　　　　　　　　　发行部电话：0371-66658405

全国新华书店经销

河南文华印务有限公司印刷

开本：710mm×1 010mm　　1/16

印张：15

字数：245 千字

版次：2019 年 2 月第 1 版　　　　　　　　印次：2019 年 2 月第 1 次印刷

书号：ISBN 978-7-5645-5924-3　　　　　　定价：49.80 元

本书如有印装质量问题，请向本社调换

前言

家庭教育、学校教育、社会教育是教育体系不可或缺的三大部分。毋庸置疑，学校教育是整个教育系统的主题教育。所以人们往往更多地关注学校教育。然而，随着生活水平的不断提高以及独生子女的增多，人们开始逐步认识到家庭教育的重要性——家庭才是孩子成长的摇篮，家长才是孩子的第一任老师。

由于历史原因和客观环境的限制，中国的家庭教育并没有像众多父母期待的那样顺利地开花结果，使得本来幸福的养育过程，变成了家长的苦差事。

很多家长都有这样的疑问："我从小到大，几乎没怎么让父母操过心。他们很少管我，可是我做得也不错，现在千方百计地为孩子付出，怎么还有那么多问题，有时甚至会适得其反呢？"其实，把孩子培养成为一个优秀的人，是很需要智慧的。智慧地教育孩子，与父母的学历无关。即使是博士后，在面对孩子时，依然可能束手无策。他们在学术上表现出色，在教育孩子方面却未必合格。有知识的人不等于有智慧。从古到今，很多名人的家长，他们没有读过多少书，却懂得怎么把自己的孩子培养成才。

忠

言传身教正己身

002

　　如果家长不具备教育孩子的智慧，那么孩子的问题就会越来越多。我们在孩子的身上费尽心思，却始终不得要领。

　　面对问题重重的家庭教育现状，中国家长到底该何去何从？教育专家说，中国家长除了要反思自己现行的教育思维，还要学习一切好的教育方法。

　　泱泱中华传承了数千年的文化经典，这些文化经典是人们在长期的社会实践经验中积累起来的思想精华。这些经典既对家长自身的职责和修养提出过要求，同时又为家长教育子女提供了可行的方法和前行的方向，可以说是家长在教育子女的探索路途中的一盏明灯。虽然其中有些思想已经不符合时代的发展，但是通过有选择地继承和发扬这些经典，并结合当前中国家庭教育的现状，将其有的放矢地运用到家庭教育中，定能有效地丰富如今的教育理论和教育方法，让家庭教育之路更加顺畅。从这一点出发，传统文化经典中仍然有许多晶莹璀璨的闪光点值得我们去挖掘、去深思、去借鉴。

　　本书是对经典的品读，是对时代赋予经典的现实意义的诠释，同时又配以生动的故事以及事例，为家庭教育事业的不断发展开拓新途径。本书承载着对孩子美好未来的祝愿，把沉淀几千年的家教智慧重现于今人面前，如涓涓细流滋润家长的心田，解除家长长期以来无法摆脱的教育疑惑，真心地为家长找到适合自己的教子良方，让自己的孩子从各位先贤圣人的身上汲取人性与智慧的养料，成为新时代的强者。

目录

 言之有度：家长言行要适度

家庭是孩子出生后接受教育的第一个场所，父母是孩子成长的第一任老师。对于孩子来说，家庭环境的熏陶十分重要。作为家长，不仅要以身作则起到示范的作用，同时也要懂得教育孩子的时机和管教孩子的分寸。除此之外，更要根据孩子的不同特性使用不同的教育方法。

第二章

自立自强：激发引导进取之心

　　自立自强是一个人走向成功的关键，它是一种积极进取的精神，它使人胜不骄、败不馁，安不懈、险不惧，锐意进取，积极向上，永不屈服，永不妥协；自立自强调动着人们的积极性，激发着人们的才智，引导人们不断进取，推动人们超越自己向前迈进。所以，培养孩子自立自强是使之走向成功的关键。

第三章

以德育人：修身养德立根本

　　道德人格，即作为具体个人人格的道德性标准，是个体特定的道德认识、道德情感、道德意志、道德信念和道德习惯的有机结合。德育就是培养孩子的道德人格、诚信品质等，为孩子能顺利地走向社会、融入社会，能够在社会中展现自己的才能和才华，得到社会的认可，实现自己的理想打下良好的基础。

第 四 章

开智导正：谦恭好学求发展

智力开发、学会学习不仅是学校教育的重要内容，同时也是家庭教育的重要内容。孩子的学习好与不好，不一定是智力所致，而与家长对孩子的学习态度、对孩子的学习指导、对孩子的学习习惯的培养等有直接关系。因此，家长给孩子提供好的学习环境，努力培养孩子良好的学习态度和习惯，对孩子以后的学习及人生的发展都具有重要的意义。

强健身心：修心养生健康行

当今社会，健康逐渐成为人们共同关注的话题，尤其是青少年的身体素质和心理健康。生活越来越便利，而身体素质却普遍下降；物质越来越充足，而心理问题却越来越多。无论是身体还是心理，我们都应该从家庭开始，从父母做起，让我们的孩子远离不良心理，强健体格，克服生活中的困难，学会改善自己的心境，从外到内，做一个健康的人。

第六章

身体力行：良好习惯早养成

孩子的行为在很大程度上取决于他的习惯。一个小小的习惯，往往能反映出一个孩子的思想、作风、道德或文明的程度。养成良好的习惯是行为的最高层次，是一种定型性行为。在心理上，它是一种需要，一旦形成习惯，就会变成人的一种需要。想要养成某种好习惯，要随时随地注意身体力行、躬行实践，才能习惯成自然，收到好的效果。

第七章

变通处世：交友处世善变通

良好的人际关系，能够给人各个方面产生积极影响。建立良好的人际关系，形成一种团结友爱、互帮互助的交往环境，将有利于健康个性品质的形成和发展。同时，在践行积极的优秀品质的同时，还要学会变通，善于分辨是与非，要懂得拒绝不良行为和诱惑，学会选择朋友。灵活交友，变通处世。

第一章

言之有度：家长言行要适度

家庭是孩子出生后接受教育的第一个场所，父母是孩子成长的第一任老师。对于孩子来说，家庭环境的熏陶十分重要。作为家长，不仅要以身作则起到示范的作用，同时也要懂得教育孩子的时机和管教孩子的分寸。除此之外，更要根据孩子的不同特性使用不同的教育方法。

养教子女是父母的责任

【原文】

养不教，父之过。

——《三字经》

【译文】

生养孩子却不加以教育，这是父母的过错。

言 传 身 教

有人说，孩子的教养是父母的一面镜子。所谓"养不教，父之过"就是这个道理。父母如果认为只要将孩子们抚养长大，满足他们的物质需求就可以了，却没有教给他们做人的基本道理，这是父母的过错。教养是为人处世的优良品行和修养，并不会生来就有，它需要从家长的教育中获得。因此，一个合格的家庭教育必须是"有教之养"。教育孩子是父母的责任。有些家长简单地认为，为人父母只要关心孩子是否吃饱穿暖就可以了。其实，这只是完成了动物最基本的繁衍职能，养而不教在最初始的时刻就给孩子的人生蒙上了一层灰色。

一开始，孩子对世界万物都是懵懂的，要去接触、认识和学习，而父母就是孩子的启蒙老师。初生的孩子只是有思维而没有判断的简单个体。父母教他们什么，他们就学什么。如果父母的思维或方式出了问题，孩子也会有错误的认识。

如果父母没有意识到教育的重要性或者采取了错误的教育方式，就很容易让孩子成为一个令人讨厌、不被接纳的人。我们经常看到当孩子犯错时人们说"这父母是怎么教的啊"，讲的就是这个道理。家庭教育是一门综合性学科，需要家长不断学习。为了教育好孩子，家长要学一点儿生理、心理及教育方面的知识，掌握科学育人的原则与方法，不断提高家庭教育水平。

很多家长误解了孩子成才的概念，自身的教育观念狭隘落后，重智育轻德育，轻劳动教育，生怕孩子累了、苦了，这种思想实在要不得。家长必须树立正确的教育观念，促进孩子德、智、体、美、劳各方面和谐发展，注重提高整体素质，为培养孩子成才打下良好的基础。

教育好孩子，必须掌握科学育人的一系列重要原则与方法，着重有以下几点：

第一，家长要有一个正面的教育观，对孩子进行正面教育是一种积极的教育思想和原则。

孩子有了缺点，家长应通过讲故事、讲道理等方式耐心教育并引导孩子学习别人的优点，当孩子在家长的教育下有了进步时，要多采用肯定、鼓励、表扬的正面教育方法，促进孩子的行为朝着家长所期望的、良好的目标前进。一个经常得到家长正面教育的孩子，才能充满信心地、愉快地成长。

第二，家长对待孩子要严爱结合。每位家长都深爱自己的孩子，但有一些家长对孩子爱得过度，出现了娇纵、溺爱的现象，这就不利于孩子身心健康发展了。

第三，在教育孩子上，家长要保持教育的一致性。"一致"是家教取得成功的重要原则。教育的一致性是指施教者对孩子在教育方向、要求上要取得一致，包括父母双方、祖辈父辈以及家庭和学校，在教育上的一致性。教育取得一致就能促使孩子的行为向着同一个方向发展；如果施教者对孩子的教育不一致，势必互相干扰，使孩子是非不清、无所适从，甚至形成孩子两面性等不良后果。

有的家长看了不少有关教育子女的书，但仍然教育不好孩子。家长们应明白，学习科学育人知识是必要的，但只有书本知识还不够，还需要了解自己孩子的特点。从一定意义上讲，每个孩子都是一本书，是一本家长必读的书。作为家长，要教育好孩子，必须在掌握一定科学育人知识的同时，读懂孩子这本书，即了解孩子的个性特点与发展水平，了解孩子所思所想及他的兴趣与潜能，在此基础上进行教育。

第四，家长为孩子创设有利于其健康成长的家庭环境。

第一章　言之有度：家长言行要适度

家庭环境是影响孩子身心健康最重要的因素。因此，家长务必要为孩子健康成长创设良好的家庭环境。家庭环境包括物质环境和精神环境，在这里主要是强调精神环境的创设。

家长要设法营造一个和谐的家庭氛围，使家中经常充满笑语和健康、美好的情趣，如利用假日开展家庭娱乐活动，利用双休日全家人到大自然中去游玩等。孩子生活在充满欢乐与和谐的家庭中，身心就能健康成长。一般来说，在这种环境中生活的孩子，情绪会平和、愉快，有话愿意和父母说，会更懂道理，管教起来也更容易。

家风故事

窦燕山教子成才

窦燕山自幼丧父，年轻的时候不学好，做生意欺行霸市、缺斤短两、昧心行事，虽然赚了钱，但直到30岁还没有子嗣。有一天夜里，他梦见死去的父亲对他说："你心术不正、品德不端，所以你今生不仅没有儿子，寿命也很短。你要改过自新、大积阴德、广行方便。"

窦燕山醒来以后，吓得出了一身冷汗，梦中情景历历在目，他痛下决心改邪归正。从此，窦燕山跟换了一个人似的，不但从前之恶不敢再犯，而且广行善事，在家里兴办义学、积德行善、助人为乐。很快，名噪一时，成为当地的大善人。

后来窦燕山有了5个儿子：仪、俨、侃、偁、僖。在窦燕山呕心沥血的教导下，3个孩子中了进士，2个中了举人。5个孩子个个出类拔萃，这要得益于窦燕山的教子有方！窦家的家庭之礼都按照古礼进行，家中，男耕女织，和睦孝顺，所以才有五子联科。如果一个家庭每个孩子都学有所成，那么，这个家庭的家长就值得敬佩，这个家庭的教育方式也值得众多家长学习。

环境是孩子成长的沃土

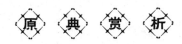

【原文】

昔孟母，择邻处。

——《三字经》

【译文】

从前，孟子的母亲为了孟子有个好的环境熏陶，选择好的邻居，并在其旁边居住。

言 传 身 教

俗话说："近朱者赤，近墨者黑。"孩子接触什么人，就会受到什么人的影响。如果一个孩子居住的环境靠近歌舞厅、酒吧，与靠近学校、图书馆居住的孩子相比较，他们对人生的理解、价值取向、兴趣爱好、所作所为等会大大不同。如果一个孩子经常跟兴趣爱好健康的孩子在一起玩耍，孩子就会品行端正；反之，则有可能成长为坏孩子。

家庭是孩子的第一所学校，家庭环境的优劣直接影响儿童的心理和智力健康。当孩子呱呱坠地，睁开眼睛看到这个世界的时刻，周围的环境已经对他产生影响了，教育也就开始了。对于婴儿而言，良好的环境如同让一朵小花成长的空气、土壤、水，因此，创造良好的成长环境，是保持孩子身心健康、形成良好习惯的前提条件。

一般来说，良好的生活环境对孩子的成长能够起到以下几点作用：

第一，有利于孩子智力的全面发展。

父母是孩子的第一位老师，从孩子呱呱坠地到牙牙学语再到蹒跚学步，都要由父母一手教给孩子。同样，父母对孩子早期智力的开发也有很大的作用，比如教孩子唱儿歌、数数等。早期教育的好坏会对孩子的智力发展产生很大的影响。

第二，有利于完善孩子的世界观。

在恶劣的环境中成长起来的孩子，接触的注注是负面的信息，对世界的认识也会流于片面。没有良好的教育，就难以形成良好的习惯和高尚的素质，从而会产生一些不良的行为。现在青少年犯罪的根本原因几乎都能从他们的成长环境中找到根据——也许是家庭残缺不全，也许是父母疏于管教，也许是不慎交了不好的朋友，这都显示出了环境对孩子所产生的重大影响。

第三，帮助孩子养成良好的终生习惯。

俗语说得好："三岁看到老。"意思是说，从孩子小时候的表现就能看得出他今后大致的人生轨迹，能够有多大成就、多大建树。虽然这句话说得有点夸张，但也不是全无根据，它强调了个人习惯对人一生产生的影响。好习惯让人终身受益，孩子年龄小的时候基本上没有什么自制力，好习惯的养成完全依靠身边环境的熏陶和影响。总而言之，习惯的形成和成长环境是密不可分的。

"蓬生麻中，不扶而直，白沙在涅，与之俱黑。"这句箴言生动而深刻地告诉我们环境对人会产生多么广泛的影响。所以，家长应该重视成长环境对孩子的影响，向古代的开明母亲孟母学习，为孩子创造一个良好的家庭环境，让孩子能够在健康的环境下茁壮成长，成为有益于社会、有益于人民的人。

家 风 故 事

孟母三迁

在中国历史上有一位名传千古的圣人——孟子，他的母亲用自己的教子方法，告诫人们环境对教育孩子的重要性。

孟子，名轲，战国中期邹国人，我国古代著名的思想家、教育家。他家原先在一个村落的边上，附近是一片很荒凉的坟地。小时候的孟轲出于好奇，常去坟地玩耍，看到哪家埋葬死人，他就和一些小伙伴模仿那些送葬的大人抬棺材、挖坑下葬、号啕大哭。孟母看到了这种情景，感觉这种地方对孩子成长非常不利，于是就搬离此处，另找新居。

后来孟家搬到城里的一条街上，街肆繁华，商贾云集，一天到晚叫卖吆喝声不断。孟轲住在那里后，又和小朋友学起商人做买卖的样子。孟母感到这个地方对孩子的成长也不利，决定再次搬家。

孟母把家搬到了一个学校的旁边。到这里来的除一些学生外，还有一些著名的学者。他们出出进进很有礼貌，早晚还会听到琅琅的读书声。孟母高兴地说："这个地方很好，有利于孩子的教育。"便定居在此。

孟子在这里住下以后，经常在学校外边看学生游戏，听老师上课、学生朗读，学习来往行人的礼貌动作，孟母看了十分高兴。直到孟轲上学，孟母仍不放松对他进行教育。后来，孟轲终于成了一代圣贤，在儒家的地位仅次于孔子，被后人称为"亚圣"。这就是著名的"孟母三迁"的故事。这段故事一直流传不息，它生动而深刻地阐释了一个道理：要想让一个人成才，先要有成才的环境。

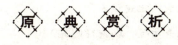

家长是孩子的最好榜样

【原 典 赏 析】

【原文】

夫风化者，自上而行于下者也，自先而施于后者也。是以父不慈则子不孝。

——《颜氏家训》

【译文】

教育感化这样的事，是由上向下推行的，是从先向后施加影响的。所以，父亲做不到慈爱，子女就不会孝顺。

言传身教

孩子的生活经验和社会知识都非常匮乏，辨明是非的能力较弱，时刻都需要父母的指点。父母应该给孩子讲清道理，告诉孩子怎样做不对，应该做什么，不应该做什么，这些都是非常必要的。但是只讲道理还不够，也难以达到教育目的。因为给孩子讲道理，只能讲几分钟，时间不会很长，而且孩子接受这种说教也只是用耳朵听，听到的都是空洞的道理，然而父母的言行举止却是从早到晚，时刻都出现在孩子的面前。孩子用眼睛看到的，是具体的、活生生的形象，两者相比，后者比前者更有影响力。因此，父母在教育孩子时，不仅要重视对孩子的说服教育，更要重视以身作则，在思想品德和行为习惯方面都要为孩子做出表率，做到言行一致，为孩子树立榜样。

父母的思想品德和行为习惯，对孩子起着潜移默化的作用。在家庭教育中，孩子不仅听父母的说服教育，还会注意父母的一言一行、一举一动。若父母的品德行为高尚，待人接物文明礼貌，关心爱护孩子，孩子就会对父母崇敬，并以父母为榜样模仿效法。如果父母给孩子讲得头头是道，而实际行动却是另一回事，孩子自然不会信服，就难以达到教育的目的。如有的父母教育孩子不要说谎，可自己在生活中却对别人说谎，那么孩子就会父母的教导当作耳旁风。

为此，做家长的要努力提高自身素质，为孩子做出榜样，把言教与身教统一起来，搞好家庭教育，使孩子从小养成高尚的思想品德和良好的行为习惯，把孩子培养成为德才兼备的社会主义现代化建设人才。

那么家长要怎样做才能做到真正的以身示范，以身作则呢？

第一，家长要令行禁止，言出必践。

如今的社会，个人信用危机越发严重，很多家长喜欢说空话，说了不做，对他人失信，对孩子失信，久而久之，孩子也会养成讲空话的习惯。因此，凡是要求孩子做到的，父母自身先要做到；凡是答应孩子的，就一定要为孩子做到；凡是禁止孩子做的，家长决不可越雷池半步，真正地将"言传"变为"身教"。

第二，家长要注意提高自身素质，为孩子做一个好的表率。

一个本身就不爱学习，只知道吃喝玩乐、熬夜赌钱的家长，一个品行庸俗、行为恶劣、思想低下的家长是不会教育出好孩子的。正所谓"上梁不正下梁歪"，家长平时要养成良好的爱好和行为习惯，比如平时多看看报纸，多读些书，在给孩子做出良好榜样的同时，也提高了自身素质，拓宽了自己的思维，增长了见识，也能够给孩子的一些问题进行答疑解惑。另外，家长可以有意识、有步骤地教给孩子一些待人接物的礼仪，谆谆善诱，持之以恒，让孩子耳濡目染，从小就受到关于美的陶冶与感化。

第三，家长要懂得尊老爱幼。

家长如果想培养孩子尊老爱幼的品质，自己首先要做到，家长对待老人和他人的态度会对孩子产生影响，以后他也会形成这种待人接物的态度。因此，家长要先做到尊老爱幼，从而让孩子学会对长辈应当怎样尊重、对他人应当怎样平等对待。

第四，家长要养成良好的行为习惯。

这些行为习惯包括生活习惯、劳动习惯、学习习惯、工作习惯、卫生习惯等，并且要注意生活中的细节。家长要从生活的各个方面去影响孩子，让孩子成为一个全面发展的优秀人才。

家 风 故 事

子承父"业"

房玄龄，别名房乔，字玄龄，汉族，齐州临淄（今淄博市）人，是唐朝的开国宰相。房玄龄能成为一代名相，和父亲房彦谦的教育有很大的关系。

房彦谦出身名门望族，但在其幼年时期生父就去世了。幼时的房彦谦十分好学上进，7岁时就读过万言书，长大后，还擅长书法艺术。可以说，中国传统文化给了他深厚的影响。大家族的文化熏陶和动荡的政局变换，铸就了房彦谦的清正品格和娴熟的从政能力。18岁时，他就担任了家乡齐郡的主簿，并一直任职，20岁时被郡守举荐进京。史书记载，当房彦谦离职高升之时，地方百姓拦路挽留，并为其立碑颂德。

隋大业九年（613年），房彦谦随从皇帝到辽东，担任扶余道（今东北地区）监军。后来，因过于耿直，得罪了权贵，被贬为泾阳县令，69岁病逝于任上。房彦谦为官清廉，所得俸禄大多周济了同事亲友，以至于史书称其为"家无余财"。他曾经和其子房玄龄说："人皆因禄富，我独以官贫，所遗子孙，在于清白耳。"

房玄龄牢牢记住了父亲的教导。他从小就博览经史，工书善文，18岁时本州举进士，授羽骑尉。隋末大乱，李渊率兵入关，房玄龄投靠李世民后，多次跟随秦王出征，出谋划策，典管书记。每平定一地，别人争着求取珍玩，他却首先为秦王幕府招募人才。

贞观前，他协助李世民经营四方，削平群雄，夺取皇位。李世民称赞他有"筹谋帷幄，定社稷之功"。贞观中，他辅佐太宗，总领百司掌政务达20年；参与制定典章制度，主持律令、格敕的修订，又与魏徵同修唐礼；调整政府机构，省并中央官员；善于用人，不求备取人，也不问贵贱，随才授任；恪守职责，不自居功。

房玄龄和杜如晦是秦王最得力的谋士。唐武德九年（626年）他参与玄武门之变的策划，与杜如晦、长孙无忌、尉迟敬德、侯君集五人并功第一。唐太宗李世民即位，房玄龄为中书令。贞观三年（629年）二月为尚书左仆射。贞观十一年（637年）封梁国公。太宗征高句丽时，他留守京师。贞观二十二年（649年）病逝。

房玄龄继承了父亲的优良传统，素俭清白，清正廉明，政绩卓著，深得李世民的信任，任宰相达15年之久，其女为王妃，其子为驸马。

房玄龄虽位高权重，但为官谨慎，治家有方。他经常告诫子女，切不可骄傲奢侈，更不能以本家的威望权势欺凌百姓。为此，他专门收集古今名人家训，逐条书写在屏风上，让子女们各取一套，时刻用这些家训来约束自己的行为。房玄龄很好地继承了父亲的高风亮节，最终成为唐朝的重臣，一代名相。

曾国藩言传身教

曾国藩教子有方，而其教子的核心即"身教重于言教"。曾国藩很重视自己的一言一行对子女的影响，凡要求孩子们做到的，自己先做到。他在家庭中提倡勤俭谦劳，反对奢侈懒惰，其一生生活俭朴，两袖清风，给子女树立了很好的榜样。

曾国藩本人虽位列三公，但他对家人，尤其是子女要求却相当严格。他从不准许子女睡懒觉，认为这是"勤"的最基本要求。也不准子女积钱买田，让他们多读书，多学本事，以后凭自己的本事去实现自身价值。在待人接物方面更是严格要求子女：不准呵斥仆佣、轻慢邻居。女子在家要敬老爱幼，出嫁后更要尊敬公婆，不能仗势欺人。

曾国藩每天自晨至晚，勤奋工作，从不懈怠。他军务、公务虽忙，"凡奏折、书信、批禀，均须亲手为之，很少假手他人"，"每日仍看书数十页"，其勤可鉴。

曾国藩要求子女做的，自己都能身体力行，而且做得很好，这样的教育才更有说服力，使子女们在现实生活中也有了一个学习的好榜样。

每当与纪泽、纪鸿等儿女在一起时，曾国藩总是精心指点他们做人之道、读书之方、习字之法，关怀备至。如"看生书宜求速""温旧书宜求熟""习字宜求恒"，作文"宜若思"，读书要"虚心涵泳，切己体察"，读经典"猛火煮慢火温"以及"读书须勤作札记，诗文与字宜留心摹仿"。他以孔子之道对纪泽、纪鸿因材施教："泽儿天资聪颖，但过于玲珑剔透，宜从浑字上用些功夫。鸿儿则从勤字上用些功夫。"针对纪泽"语言太快，举止太轻"的缺点，要求"力行迟重"，即"走路宜重，说话宜迟"。

有一次，曾国藩去拜父亲的牌位，让儿子纪泽扶他去花园散步。他对纪泽说："我这辈子打了不少仗，打仗是件最害人的事，造孽，我们曾家后世再也不要出带兵打仗的人了。"父子俩拉着家常，不知不觉走进一片竹林。忽然，一阵大风吹过，曾国藩连呼"脚麻"，便倒在儿子身上。扶进屋时，曾国藩已经不能说话了。他用手指指桌子，那上面有他早已写好的遗嘱。遗嘱所写皆是对子女的谆谆教诲与殷切期望，字字饱含深情，句句用心良苦。

儿子念完遗嘱，曾国藩使劲伸手指着胸口，纪泽、纪鸿一齐说："我们一定把父亲的教导牢记在心！"曾国藩脸上露出一丝浅笑，便溘然长逝了。

纪泽在曾国藩死后方才承荫出仕，从事外交生涯，成就不同凡响；曾纪

011

鸿一生则不仕，钻研数学，颇有成就；孙子曾广钧虽中进士，却长守翰林；曾孙、玄孙辈中大都出国留学，不再涉足军界、政界，全部从事教育、科学、文化工作，不少人成为著名专家学者，享誉五洲四海。

曾国藩一生都在践行"言传身教"，并坚守笃信"身教"的重要，他是政坛上的战略家，又是家教中的楷模，他的廉洁奉公、两袖清风、因材施教，为后世树立了光辉的典范，在家庭教育中，茫然彷徨的家长若能效仿曾国藩的育子智慧，定会大有裨益。

溺爱是成长的慢性毒药

原 典 赏 析

【原文】

吾见世间，无教而有爱，每不能然。

——《颜氏家训》

【译文】

我看到世上有些父母，对子女不加以教诲，而是一味地宠爱，总觉得不能认同。

言 传 身 教

父母对自己孩子的关心爱护，应以有利于孩子身心健康为前提，离开这个前提就容易与望子成龙的愿望背道而驰。父母对孩子的爱应该是理智的，有分寸的，绝不能溺爱。否则，就会成为孩子身心畸形发展的祸根。

家长对孩子要做到爱而不溺，应注意以下几点：

首先，家长要有理智、有分寸地关心爱护孩子。既要让孩子感受到父母真挚的爱，使孩子感受到家庭的温暖，激发孩子积极向上的愿望，又要让孩子学会关心父母和其他家庭成员。这不仅有利于培养孩子热爱劳动、关心集体的好品德，而且也有利于培养孩子的自立能力和自理能力。

其次，家长要正确对待孩子的要求。人都是有需求的，而且需求是多方面的，往往也是无止境的。对孩子的需求要具体分析，要以家庭的实际经济状况和有利于孩子的身心健康为前提，不能百依百顺，有求必应。过分地满足孩子的需求容易引发孩子过高的欲望，养成越来越贪婪的恶习。一旦父母无力满足其需求时，势必引起孩子的不满，致使其难以管教。当其欲望强烈而又得不到满足时，就容易走歪门邪道，这是每位家长需要注意的。

最后，对于孩子的合理要求，在家庭条件允许的情况下，要尽量给予满足。如孩子要求买一些有利于增长知识、开发智力、丰富精神生活的书籍、书画及必要的生活、娱乐用品等，一般应给予满足。若家长一时难以办到，应向孩子说明理由。在教育孩子时，家长既要积极为促进孩子的身心健康创造条件，也要教育孩子注意节约俭朴，防止养成挥霍浪费的不良习惯。

家风故事

不溺爱从自律开始

1891 年，胡适出生于安徽省绩溪上庄一个世代经商的家庭。父亲胡传是胡家的第一位仕官学者。胡适不到 3 岁，就在父亲悉心的教导下，学会背诵《三字经》《千字文》，3 岁以后入家塾，直到 1904 年去上海求学，胡适在家乡接受了 9 年的旧式教育。

胡适 4 岁的时候，父亲病逝，家庭的重担落在了母亲冯顺弟一个人身上。冯顺弟受丈夫的影响很深，她十分敬佩丈夫的人品和学问，丈夫在世的时候教给她不少古文知识，如《论语》以及其他一些流传于世的经典书籍。冯顺弟经常用丈夫教给她的道理和知识来教育儿子，特别是用《论语》里面的知识来教孩子学会自省、自律。

在胡适的家乡，每到冬天都特别冷。早上，胡适留恋被窝的温暖，总是不愿意起床去上学。有一天，窗外刮着呼呼的寒风，躲在被窝里的小胡适感觉这一天格外的冷，一直不肯起床。母亲在外屋做好了早饭，就喊："适儿，该起床了，吃早饭了，吃完了上学去！"

母亲喊了半天，见胡适没反应，就进屋掀开胡适的被子，对他说："该起来了，上学要来不及了。"

被子被母亲一掀开，胡适立即感到一股冷意，不高兴地说："娘，没听到外面这么大的风吗？我不去了，太冷了。"

"怎么能不去呢？不去功课可就落下了，和其他同学不同步了。"但是，小胡适一点儿也听不进母亲的话，丢下一句"不去就不去"，干脆把整个脑袋都缩进被窝里了。这下，母亲也生气了，不过她还是压住了心中的怒气，尽量语气温和地对胡适说："你父亲在世时经常说，一个人如果任由自己的性子，不能对自己有点自我约束是成不了大事的，你现在因为刮点风就不想去上学了，你还对得起你父亲吗？"

胡适听到母亲提及父亲，知道自己的行为让母亲伤心了，也想起了父亲平时对自己的严厉教导，于是，一骨碌翻身起床，说："娘，您别伤心，我去我去。"

母亲不但遵循父亲的遗志，时常教导儿子要学会自律，同时，她还让儿子通过经常性的反省来约束自己。她以曾子名言"吾日三省吾身，为人谋而不忠乎？与朋友交而不信乎？传不习乎？"来鞭策和鼓励儿子。

每天临睡前，母亲就坐在床沿上，叫胡适站在窗前搁脚板上"省吾身"：今日说错了什么话，做错了什么事，该完成的学习任务是否完成。她在督促儿子自省之后，又对他讲父亲生前的种种品德："我一生只晓得你父亲是一个真正的好人，对自己要求非常严格，每天都会静思反省。你要学他，不要丢他的脸。"

经过母亲的谆谆教导，小胡适开始严格要求自己。当又一个寒冷的早晨来临时，他虽然也想在床上多躺一会儿，但是想起了母亲的话，想起了父亲的教导，他立刻就起床了。他几乎每天都是第一个到学塾的，一个人静静地坐着看书，等待着老师和同学的到来。

胡适长大后，想起母亲对自己的教育，总说她是"慈母兼严父"。母亲给予胡适的爱让他终生感念，同时，母亲对他的严格要求让他学会了约束自己，更学会了自省。这对他以后的为人处世和治学都有很重要的影响。

早期教育机不可失

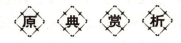

【原文】

人生小幼，精神专利，长成已后，思虑散逸，固须早教，勿失机也。

——《颜氏家训》

【译文】

人在幼小的时候，精神专注敏锐，长大成人以后，思想容易分散，因此，对孩子要及早教育，不可错失良机。

言传身教

一个人从小养成的特点就像天性一样，很容易变成习惯，然后一辈子都这样，很难再改变了。而颜之推还认为教育要从胎教开始，并且要在孩子懂得看脸色、明白喜怒的时候，开始教导训诲，让孩子明白什么该做、什么不该做。这样，孩子才会更顺利地成长。

孔子说："少成若天性，习惯如自然。"小时候形成的品德和行为习惯，特别牢固、持久，会给以后的成长打下坚实的基础，从而影响人的一生。父母要从哪些方面给予孩子早期的教育呢？

第一，习惯从小养成。

孩子学前时期是人的一生中可塑性最高，施教最容易的阶段。习惯的培养也易从这个阶段开始，不仅易见成效，而且易于巩固。为什么这样说？因为幼儿的早期阶段是接受教育的最佳时期。孩子的幼儿阶段，犹如一张纯净的白纸，你对它着色是红的还是黑的或是七彩的，完全靠父母对它的彩绘。幼儿阶段是孩子大脑迅速生长发育期，也是纯净心灵发展期，他们对外界周围的一切信息会不加选择地全部接收，而这些信息完全靠父母的灌输。因此此阶段形成的性情及品格，决定了孩子一生的发展。父母培养孩子的最初习惯称为孩子发展的起点，这个起点尤为重要，良好的习性一旦养成，则终身受益，反之将受害无穷，便悔之晚矣。

第二，早期教育促进脑功能完善。

人脑是人赖以生存和发展的最重要器官，而且它发育最快、最早，受孕2个月的胎儿，头部大小就是身体的一半。出生9个月时，脑重比新生时增重1倍，3岁时增重2倍，到了5~6岁脑的发育就基本成熟，接近成年人的水平了。而人体的其他器官要达到这个水平，则需要15年的生长期。

那么怎样使脑长得好，长得快，发育完善呢？人们以为只要吃好些，脑就自然长好了，其实这是不对的。人脑是物质，但又是精神活动的器官，它的生长需要两种营养：一是食品，要有全面合理、科学喂养的营养素；二是精神，脑的生长还需要在其6岁前的生长期接受外界的良性信息刺激，促其动脑。所以，脑在生长中，食品营养和精神营养有同等重要的意义。

人的肌肉发达靠的是运动，同样，人脑的发达需要用脑。人脑在使用中生长，生长也需要一定的条件。

第三，注意孩子潜能的开发。

人潜在的智能到底有多大，现在谁也说不清楚。但国内外心理学界有一个共同的看法，那就是人的智力潜能仅仅开发出3%~10%。这当然是个估计，但说明一般人的大部分智力潜能是未经开发而被埋没了。美国麻省理工学院的教授们研究的结果说，人的记忆能力，如果获得充分的发展，而且一生好学不倦，则能记住美国国会图书馆内2000万册图书知识的50倍。这可能会有些夸张，但对后人是一个极大启发。

人类潜能的开发主要依赖早期。如果孩子从小得到优良环境的熏陶和教育，人的智力潜能就会多开发一部分。如果孩子从小得不到适当的教育，人的智力潜能开发就比较差。

第四，注重开发孩子的智力。

如果孩子生下来不跟母亲在一起，半年以后就对母亲不那么亲热了。智能发展也是如此，有专家指出，语言发展的最佳期是2岁，识字的最佳期是3岁，数概念发展的最佳期是4岁，还说一个人真想成为天才小提琴手，要在 3 岁时开始训练，要当钢琴大师则必须在 5 岁前开始学习。种种说法，虽然只是探索，不可全信，但是有一点倒是心理学界的共识，那就是婴幼儿阶段是智能发展的最佳时期，错过这一时期那就事倍功半，甚至徒劳无功。

现实生活中，我们发现人的成长、智能发展速度的确也是在迅速递减着。一个人学音乐、学美术、学外语、学方言、学游泳、学滑冰统统都要早期有所接触才好。

第五，良好性格的养成。

人的性格对人才成长极为重要。一个人有优良的性格品质，那他将终身受益；相反，如果人养成了不良性格，甚至沾染上恶习，那也必将贻害无穷。良好的性格与人的学业与事业有着很大的关系，我们经常听人说"性格决定命运"，的确如此，什么样的性格就会有什么样的双手，什么样的头脑，进而创造什么样的人生。

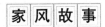

从小养成好习惯

司马光是北宋时期著名的政治家、史学家、散文家。司马光自幼就非常喜欢学习，尤其喜欢看《左氏春秋》。司马光的成长与父母对他的家教是分不开的。

司马光家里很富，他的父亲司马池是一位胸怀大志的学者，他没有沉湎于富裕的家产，而是专心读书、锐意进取。在成家立业之后，以做学问的认真态度和质朴做法来待人处事。司马光的母亲聂氏知书达理、才德俱佳。宋天禧三年（1019 年），司马光就出生在这个书香门第的贵胄之家，在严父慈母的直接影响和教育下，度过了自己的少年时代。

司马光 6 岁开始读书。起初，他对所学的东西不能理解，背书也记不住，往往都是同窗们都背会了，他还没背出来。父亲知道后，就告诉他："读书不能只是机械地背诵，还要勤于思考，弄懂意思，诵读与理解并重。"

于是，别人做游戏时，司马光不去，一个人找个清静的地方苦苦攻读，直到把书背得滚瓜烂熟为止。很快，他的学业进步了，对学习的兴趣也越来越浓厚。第二年，他开始学习《左氏春秋》，书不离手，句不离口，刚听完老师的课，他就能够明白书的大意，便讲给家里的人听。渐渐地他像着了迷一样，常常因学习忘了吃饭睡觉。

父亲不仅关心他的学业，而且在做人上对他严格要求，只为培养他的优秀品格。

在司马光6岁时，一天，他想吃青核桃，姐姐替他剥皮，却怎么也剥不开。姐姐走开后，一个女仆把青核桃放在开水里烫了一下，很容易皮就剥了下来。姐姐回来一看，便问是谁剥下来的，他说是自己剥的。这个过程恰巧被父亲看见了，见他撒谎，就严厉地训斥他。这件事虽然很小，但却给司马光留下很深刻的印象。从此，无论是为人处世还是学习，他总是十分诚实，不敢有半点虚假。

在父母的教诲下，司马光到了15岁便"于书无所不通，文辞醇深，有西汉风"，而且学到的知识都很扎实，终身不忘。后来，他经过历时19年的呕心沥血，终于完成了编年体史学巨著《资治通鉴》。

教育子女要严格要求

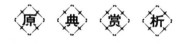

【原文】

父母威严而有慈，则子女畏慎而生孝矣。

——《颜氏家训》

【译文】

做父母的既威严又慈爱，那么子女就敬畏谨慎，并由此产生孝心了。

言传身教

父母对孩子的爱，有"大爱"和"小爱"之分。所谓小爱，就是让孩子吃饱穿暖，不受训斥，心情舒畅，满足孩子的一切要求。但是这种小爱是无法换来一个懂事明理的孩子的。相反，在这种小爱下长大的孩子往往会变得骄横无礼，一事无成。所谓大爱，就是要对孩子进行严格的教育，不注重眼前孩子的安乐，为孩子的长远打算，精心地培养他，让他懂得为人处世的道理，懂得与人融洽地相处，懂得感恩与报恩；懂得学习，懂得认真地对待他所该做的每一件事，这样长大的孩子，将来才会有远大的前程，才会为他人、为国家做出贡献；这种用"大爱"来爱孩子的父母，才是可敬的。

当然，对孩子的严格教育也要讲求尺度和方法。

第一，对孩子有一个正确的认知。

在"严管"孩子之前，家长应该对孩子有一个正确的认知，知道孩子最适合做什么，在这方面对其进行督促，才能让他更好地发挥潜力。如果他在音乐方面有天赋，而家长偏偏强迫他学习美术，就会适得其反，不仅达不到家长的预期效果，还会耽误孩子的发展。

第二，与孩子多沟通，定下合理的目标。

家长应该多与孩子沟通，了解他们的兴趣点在哪里；与孩子进行交流沟通，最终制订出一个合理的学习计划。计划制订出来，家长就要督促孩子严格遵守。倘若依着孩子的性子，他们的自制力往往没那么强，没有办法很好地实现自我管理，所以如果孩子没有严格遵守计划，家长可以采取相应的惩罚措施，给孩子压力。

第三，对孩子要"狠"一点。

很多家长心软，见不得孩子受委屈。每当孩子眼泪汪汪，露出可怜的表情时，他们就会放任孩子，不再督促其学习，长期下去，孩子就可能会荒废学业。所以我们应该对孩子"狠"一点，该督促的地方绝对不能纵容。只有这样，孩子才能认识到学习的重要性，并且在家长的引领下努力学习。

第一章　言之有度：家长言行要适度

家 风 故 事

鲁班被"逼"成才

鲁班是我国古代有名的发明家，他手艺的学成与父亲的严格要求是分不开的。

鲁班少年时代，父亲就想让他学成一门手艺。最初，鲁班跟随父亲学习种田，没干几天，他就觉得种田又累又脏，不肯做了。接下来，他又开始学习织布，可是没织几次，他又觉得织布不是好差事，每天都要面对烦琐而忙碌的工作，一点儿空闲都没有，所以也放弃了。鲁班的父亲看到他做什么事情都没有恒心，又是生气又是着急。思来想去，他决定把鲁班送到外面去学手艺，交给陌生人管教，也许鲁班就不敢再偷懒耍赖了。

鲁班的父亲把他送到了木匠铺那儿学木匠活儿。这一次，父亲特意给他选了一个非常严格的木匠师傅，以便对他严加管束。可是，鲁班在木匠铺学习了几天就回家了，任凭父亲怎么要求他，他都不肯再去。这下可惹火了父亲，他决定要好好"教训"一下鲁班，绝不能再这样任由着他的性子，想做什么就做，不想做什么就不做了。否则长期下去，他必定一事无成。

一天，父亲把鲁班叫到他的面前，说："师傅不严格，对你不狠，你自己还不肯下功夫，这样下去，你还能学成手艺吗？既然你什么都不想学习，那好，从今天开始，你就不要吃饭了，因为你不肯种田；你也别穿衣服了，因为你也不愿学织布；还有，既然你也不想学木匠活儿，那你也不要住在屋子里了。别忘了，粮食、衣服和房子都是要靠劳动换来的，你不肯劳动，自然就不能享用。"

鲁班听了父亲的话，一下子呆住了。他看着父亲严肃的表情，知道父亲不是在吓唬他，赶紧答应继续去学习木匠的手艺。

这时候，父亲搬出来一个木箱子，里面装着自己使用过的斧子，每把斧子都磨出了凹痕，而且刃也都磨平了。父亲指着这一箱子斧子说："为了学好手艺，我磨损了这一箱子的斧子。而你，连一把斧子都没有磨到这个程度就不肯学习了，你这样下去，是不会学到真正手艺的。现在，我交给你三把斧子，从今天开始，如果你不能把这三把斧子磨出凹痕，不把这三把斧子的刃磨平，就不要来见我。"

鲁班没有办法，只好提着斧子，又回到了师傅那里，继续学习他的木匠手艺。经过很多年的勤学苦练，他终于成了一名技艺精湛的木匠。

鲁班的故事一直影响着很多人。这位中国手工艺人的先驱，原来并非我们想象中那般从一开始就对木匠的手艺产生了浓厚的兴趣。他的身上有现在很多孩子的影子：懒惰、贪玩、不思进取。但是他的父亲却没有放弃对他的教导，而是想尽一切办法让他收起玩乐之心，专注于学习，以后他才得以在建筑行业有所建树。所以，如果你的孩子也像鲁班一样淘气、贪玩、不愿意学习，千万不要放弃对他的管教，适当地逼一逼孩子，给他一些压力，也许就能够帮助孩子更加积极、健康地成长。

教育孩子要有弹性

【原文】

　　父子之严，不可以狎；骨肉之爱，不可以简。简则慈教不接，狎则怠慢生焉。

　　　　　　　　　　　　　　　　　　——《颜氏家训》

【译文】

　　父母亲在孩子面前应该保持尊严，不可与自己的子女过于亲昵随便；但父母与孩子之间的骨肉之爱，也不可过于淡漠疏远。过于淡漠则仁慈和孝心不能相通，过于亲昵则会导致孩子对父母的不恭敬。

第一章 | 言之有度∷家长言行要适度

言 传 身 教

父亲对孩子既要威严，又要慈爱。不能亲热得没有限度，失去父亲的尊严，也不能严肃得近乎冷漠，缺少对孩子的关爱。严慈兼施，善得其中，这是处理父子关系的基础。

无论社会发展到什么程度，父母永远不可推卸地担当着孩子人生导师的角色。如果不希望孩子受到一丁点儿不良品行作风的影响，那么父母首先要做到自己在品行作风方面没有多少瑕疵，而不是单纯地将孩子的成长托付于学校教育。

做任何事情都要讲究一个度。这里所谓的度，其实就是界限，就是限度，就是俗话所说的分寸。任何事情都有其内在的规律，做事情的时候必须遵循这件事情的规律。这样才能做得恰如其分，恰到好处，才会成功。要是不遵循规律，无论做得过头还是不到位，都是吃力不讨好，甚至好心办了坏事，其结果必会适得其反。

家长在教育孩子上亦是如此。家长应认真严格地把握住家庭教育的度，那么家长怎样才能把握家庭教育的度呢？

首先，家长给孩子制定教育的目标不宜过高。目标是做一件事预期达到的标准。家长对孩子教育的目标定得过高，孩子做不到，家长在指导时恐怕也难胜任。目标过高，必然强人所难，强人所难必然产生逼迫与逆反的矛盾冲突，孩子被逼肯定不高兴，家长也会把自己逼得焦躁不安，其后果是可想而知的。

其次，结合孩子的实际能力，制定出孩子通过努力可以达到的目标。能挑千斤担不挑九百九，同样，揠苗助长也不会丰收。适度的家庭教育目标，一定是孩子跳一跳可以够得到的，也一定是家长自身的条件能胜任的。

再次，在教养孩子的态度上，家长要十分注意，不宜过分、过严、过溺，过了就会产生弊病；教育孩子的内容不宜过深，过深的教育内容不利于孩子智力的全面发展和开发；教育方法要新颖，不宜过旧，一味地命令、灌输，不利于亲子之间的沟通融洽，也不利于教育目标的实现。

最后，在教育孩子的时候，家长也要不断提高自身的素质。家长本身素质也不宜过低，家长素质直接影响着孩子的发展方向。因为父母对孩子的影响实在太大，子如其父、女如其母，说的就是这个道理。父母的生理基因会传给子女，同样，父母的人生观、价值观、道德情操、个性人格、知识能力等，也会像生理基因一样，在子女的身上打上难以磨灭的烙印，影响子女的一生。提高家长的素质，是个难题，解决这道难题的唯一途径就是学习。一句话，要想孩子好，父母要更好；要想孩子好好学习，父母必须天天向上。

家风故事

戚景通教子有方

戚继光出生于一个仕宦之家，他的先祖曾是明朝的开国功臣，他的父亲戚景通曾凭文武之才而在朝野负有盛名。戚继光出生时戚景通已经 56 岁，老来得子，高兴之情可想而知。但戚景通并没有因此而娇惯戚继光，而是非常注重对儿子为人为学的教育。

还在戚继光很小的时候，戚景通就带着他出入各地的驻防军营，即使是和手下谈论用兵打仗之事，他也经常让戚继光在旁聆听。耳濡目染之下，戚继光也逐渐迷恋上了军事。于是，当戚继光和小伙伴玩耍的时候，他们也经常做一些与军事有关的游戏。他们以泥巴做墙，以瓦砾做营房，以纸为旗帜，排兵布阵，模拟战争的场景。虽说只是小孩子的游戏，但每当戚景通在家时，他都会停下手头的工作认真地给予指导、讲解。

戚景通知道仅有热爱是不够的，对于军事，对于战争，还必须要有充足的知识储备。于是，他在对戚继光进行军事教育的时候，也没有放松对戚继光学习的要求与监督。在教育戚继光的过程中，戚景通非常注重对儿子志向的教育。有一次，他带儿子出去玩，玩过之后，他问戚继光："尔志向何在？"戚继光回答："志在读书。"戚景通很是高兴，但同时又对戚继光教育道："读书的目的在于弄清'忠孝节义'四个字。"并说做人要忠于国家，要孝敬父母，要讲求气节，有仁义。也正是从那时起，戚继光把国家、民族、气节牢牢地记在了心里。

在教育戚继光的过程中，戚景通既有上述为人父的慈，更有为人父的

023

第一章　言之有度：家长言行要适度

严。尤其是在涉及做人立世的问题上，戚景通对儿子的要求更为严格。他知道，很多不良的习性就是在日常不注重的小细节上形成的。所以，他非常重视对戚继光生活细节上的教育与性格的培养。

戚景通深知官家子弟最容易养成骄奢的习性，所以他很重视对戚继光进行性情教育。有一次，戚继光的外婆送给他一双很漂亮的鞋子，出于小孩子的爱美心理，戚继光高兴地穿给父亲看。看到儿子得意的神情，戚景通不但没有称赞，反而严厉地训斥他不该小小年纪就贪图享乐，并且说："你父亲清白一世，不可能会满足你的要求。"于是，他要求戚继光把鞋子脱下来。最后，当他知道是戚继光的外婆所送时才肯作罢。

在父亲的严格教育下，戚继光在做人上严格要求自己，在学业上也奋发努力。戚继光 17 岁那年，戚景通去世。虽然没有了父亲耳提面命的教诲，但戚继光一直牢记父亲的教育，文武并学。21 岁那年，戚继光中武举，而后又被任命为京都总旗牌等职。后来他创建了"戚家军"，率军战斗在国家的边防，为国为民而战斗，最终成了一名载入史册的民族英雄。

赞美是成长的兴奋剂

【原文】

人有善，则扬之。

——《朱子家训》

【译文】

别人有善行，要颂扬他。

言 传 身 教

于丹说："每个孩子都是落入凡间的天使。他们可能因为某些缺陷暂时停留在人世间，然后被有缘人（父母）发现，继而生养。我们不应该去嘲笑他们的缺陷或苛责他们犯过的错误，我们能做的就是为天使缝补翅膀。告诉他们，这些疼痛终将过去，有一天你一定会重回天空的怀抱，而且越飞越高。"因此，对于孩子，我们应该给予更多的宽容，了解他们的心理发展过程，客观地看待孩子在成长过程中的问题，不武断批评，为孩子提供温暖和支持的心理环境，这就是宽容。但这种宽容并不等同于回避问题，做老好人。也就是说，宽容应该是客观地看待孩子在成长中所犯的错误。

要给孩子犯错的权利。只有错了，孩子才会知道什么是对的，什么是不对的，才会去改，才会自己有意识地去避免下次再犯错。所以说，教育不是苛责，宽容更有力量。

在家庭教育中，家长应该如何发现孩子的优点并赞美孩子呢？

第一，善于发现孩子的优点。

家长要随时去发现孩子身上的优点，把孩子做对的事情从平凡的生活中挑出来，给孩子以赞扬。

第二，培养孩子的自信心。

培养孩子的自信心，家长怎样赞美才是有效的呢？家长对孩子的赞美要清楚而及时。"清楚"使孩子明确自己做得对的是什么，从而有助于孩子把成功归结为自己的努力；"及时"表明反馈的时效性，及时的反馈和赞美才是有意义的。

家长对孩子的赞美重点应该放在"努力"上，而不是"能力"上。对孩子的赞美应当看孩子是否尽了力，是否在原来的基础上有了进一步的提高。对孩子的赞美要具体、有根据，注重赞美孩子的"具体行为"和"具体细节"。

第三，家长对孩子的赞美要选择适当的方式。

只有适合孩子的赞美方式才是有效的，在赞美孩子时要做到区别对待。孩子小的时候喜欢父母的拥抱、亲吻、抚慰或说一些亲切的话语；而对于大孩子，这一套可能就行不通，这时，家长可以采用眨眼、竖大拇指、拍拍孩子的肩膀等方式。另外，对孩子比较大的进步进行适量的物质上的奖励，比如送一个小礼物，但不能滥用。其目的在于培养孩子只有通过自己的努力才能得到自己想要的东西的观念。

家 风 故 事

鸭子在掌声中站立

清朝时有一位富豪非常喜欢美食。富豪手下有一位著名的厨师，他的拿手好菜是烤鸭，这位厨子做的烤鸭真是名不虚传，每次烤制的鸭子都是外酥里嫩，美味可口。不过这位富豪从来没有表扬过厨子的厨艺，这使得厨子很是郁闷，渐渐地他开始怀疑是不是自己的手艺越来越差了。

有一天，富豪的一位客人远道而来，富豪为表示对客人的欢迎，就在自己家中设宴招待这位客人。富豪点了几道菜，其中一道是他自己最喜爱吃的烤鸭。厨师奉命行事，不久，菜全数上桌，当富豪夹了一个鸭腿给客人时，自己却找不到另一条鸭腿，他便问身后的厨师："另一条腿到哪里去了？"厨师很坦然地说："老爷，我们府里养的鸭子都只有一条腿！"富豪听完后感到很惊讶，碍于客人在场，就没有继续追问下去。

饭后，富豪便找到厨子，跟他到鸭笼中看个究竟。当时天色已晚，鸭子正在睡觉。所以每只鸭子都只露出一条腿。厨师指着鸭子说："老爷你看，我们府里的鸭子不都是只有一条腿吗？"富豪听后，心中已有几分明白，于是他大声拍掌，吵醒鸭子，鸭子听到动静后当场被惊醒，都站了起来。富豪笑着说："你看，你不是说鸭子都只有一条腿，一条腿怎么会站立起来？"厨师看着富豪马上说道："对！对！不过，只有鼓掌拍手，才会有两条腿呀！"富豪点头含笑而去。后来每当富豪品尝到这位厨子做的烤鸭时，都会当众夸奖一番。

虽然故事中的掌声并不代表给鸭子们的鼓励，但它却告诉我们一个道理：鼓励是一种力量。对于孩子更是这样，只有给予他们足够的鼓励，才能看到孩子给你的奇迹。

沟通是教育的良方

【原文】

与人善言，暖于布帛；伤人以言，深于矛戟。

——《荀子·荣辱》

【译文】

用好话来进行沟通，比用布帛盖在身上更温暖；用恶语来伤人，比用矛戟伤害别人还要厉害。

孩子都有自我纠错的能力，我们要学会相信孩子。但在现实生活中，不少父母面对孩子的错误时，总是不分青红皂白地批评、责骂和惩罚孩子。这种以强迫的方式让孩子接受父母经验的教育方式，不仅不能让孩子更好地认识到自己的错误，在"强迫"管制之后，孩子的探索能力就会被削弱，跳不出成人的束缚，从而"画地为牢"。而一些"不服管"、自我意识较强的孩子，则会萌生叛逆的心理，变得"我行我素"。所以，对待犯了错误的孩子，父母先不要忙着指责他的过失，告诉他应该怎样弥补，而应该引导他们进行自我认识，主动从过失中吸取经验教训，获得进步。

家长在教育孩子时，要像与朋友聊天那样与孩子对话；在和孩子讲道理时，要和孩子处在一个平等的位置。如果发现孩子真的做错了，也不要立刻以家长的权威加以呵斥，应该耐心地引导与启发，让他们自己意识到自身的错误。

与孩子沟通交流是培养孩子道德情操的有效方法，心与心的对话是最容易感染人的。一位家长这样说：与我们如何同孩子谈话或听孩子谈话同样重要的是，我们应该何时与孩子谈话或听孩子谈话。一位有经验的家长称：一些最为有效的时间是就寝时间与吃饭时间。南达科他州的一位母亲每晚就寝时，都有一个与孩子谈话的习惯。她说："当我的孩子已上床准备睡觉时，我就坐在床边，关切地问他'你今天什么时候过得最快乐？''今天有什么让你不高兴的事情吗？'等问题，在这个过程中，我们达到了很好的沟通。"

在与孩子沟通交流时，父母需要做到以下几点：

第一，充满关爱地与孩子交谈。

在与孩子交流的过程中，父母时刻表露出一片爱心十分重要。在那些非常和睦的家庭中，父母在这方面做得都比较好。

第二，认真对待孩子的意见。

许多父母都知道坚持自己正确的决定，无论孩子对此持有多大的异议。然而，这么做并不意味着他们会忽略孩子的意见与建议。允许孩子们在家庭事务中拥有发言权，可以带来两大好处：一是当家长在征求孩子意见的基础上做出决定之后，孩子则更愿意主动接受这些决定；二是孩子们也能够认识到，他们是这个大家庭中的重要一员，这对培养孩子的自尊心及责任感将有莫大的帮助。

第三，避免说过火的话。

父母的情绪与孩子们的安康紧密地联系在一起，没有哪位家长在养育孩子的过程中不努力保持平心静气的。然而，父母在碰到某些事情而激动时，可能说一些过火的话。因此，当碰到一件比较棘手的事情时，睿智的父母会对自己的孩子们说："我心里确实很难过，因此我现在什么都不想说。出去玩吧！等我冷静下来后，再找你们谈。"要避免因说过火的话而伤了孩子的心。

第四，认真听听孩子的心里话。

家住德克萨斯州的乔说："不管孩子正在告诉你什么事情，你都要听到底。"他还说"如果你没有等孩子讲完话，就发起火来，那么你就准备给孩子道歉吧！"认真听孩子讲话，直到听孩子说完，才有利于与孩子的沟通。

当孩子给父母讲完话后，父母对孩子刚刚讲过的话要进行阐述，然后询问孩子所阐述的是不是他的本意。在给孩子提出建议或者采取行动之前，务必确保自己清楚孩子话语的五要素——时间、地点、人物、事物及方式。

此外，父母的目光会给孩子莫大的鼓舞、信心、勇气、安慰与感动。无论是什么性格的孩子，父母威严的目光对孩子心灵的触动，常常胜过粗暴的训斥。家长们不妨一试，用恳切的目光与孩子对视着，心平气和地与之进行一次推心置腹的谈话。相信，你与孩子的距离会拉近很多。

家风故事

沟通是连接父子的桥梁

梁漱溟早期的教育得益于他的父亲梁济。

梁济秉性笃实，思维缜密，遇事认真但不拘谨。他注重品行，但也不忽视学问。梁漱溟的思想和做人都深受父亲的影响。在对梁漱溟的教育问题上，梁济的表现与同时代的其他父母有很大不同。当时，封建思想盘固，"三纲五常"仍笼罩着华夏大地，"父为家君"仍是中国家庭中的最高戒律。就在其他的家庭还在实行"以父为天""棍棒教育"时，梁济却一反常态，有意地培养和梁漱溟之间的自然、亲近的父子关系，注意培养梁漱溟独立思考的能力，更难得的是，他与儿子之间的互动方式，是以沟通为主要渠道的。即使观点相斥，他也能很平等地和儿子进行交流。

梁漱溟小时候一点儿都不聪明，脾气还特别坏，到了6岁，还不会自己穿裤子，每天都要年幼的妹妹帮他系好腰带。有一天，已经早上10点多了，还不见小漱溟走出房门。母亲朝着他的屋子大喊："你在做什么？怎么还不起床？"梁漱溟理直气壮地回母亲："我早醒了，可是妹妹不给我穿裤子，我没办法出去。"孩子这个态度让母亲很生气，她转身对梁济说："你看看他都成什么样子了？今天我非痛打他一顿不可。"梁济却不赞成："孩子还小，他做得不好的地方，你可以跟他沟通，但不能总用棍棒说话。"

对这个有点呆笨的儿子，换了别人也许早就失去了教导的耐心，可是梁济对梁漱溟既没有生气，也没有大声呵斥，每次都十分耐心地教他。遇到他不懂的情况，就一遍一遍地给他讲。因为他觉得一味地呵斥孩子，只会让孩子更加自卑，失去进取的动力。其实，很多取得了重大成就的人小

第一章 言之有度：家长言行要适度

时候都不是很聪明的，只有家长耐心教导，才能让孩子摆脱愚笨。所以，即使孩子在某些方面表现较差，也不能以点代面，以偏概全，对孩子的思想和行为给予全盘的否定，而应该采取柔和的沟通方式，让孩子自己觉悟和懂得如何去做。

梁漱溟成年以后，受辛亥革命的影响，参加了革命组织。梁济劝告儿子说，立宪就足以救国，何必革命呢？梁漱溟不接受他的想法，曾当众批评自己的父亲思想保守，不懂得如何为国家着想。众人以为，被儿子如此顶撞，梁济一定会大怒，甚至会利用做父亲的权威责罚他。可是，他很平静地对儿子说："我何尝不想国家由此有一转机呢？但我们家几代都是做清朝的官，我们就等着天命决定好了，别跟着他们造反了。"但梁漱溟还是坚持自己的想法，他也不强求。后来有朋友问起他为何不想办法扭转儿子的想法，梁济回答说："沟通不成，他已经成年了，能为自己负责任了。我既然说服不了他，也就只能尊重他的想法。"

正是因为父亲"要沟通，不要棍棒"的教育方法，尊重孩子自己的想法，梁漱溟才得以接受更新的思想，为他以后成为一名思想家打下了坚实的基础。可见，对孩子采取侧面的、有效的沟通，比用棍棒的教育方式更有利于孩子的成长。

梁济是一个特别喜欢跟子女讲道理的人。平时带着孩子们去看戏，他总是把戏里面很好玩的故事转化成生活中的情节，向子女们讲述一些做人的道理。其他孩子总是能够很快明白父亲的意图，及时纠正自己的行为，唯有梁漱溟，最让梁济操心，他不但听不进去父亲讲的道理，还经常因为自己的错误跟别人无理取闹。

有一天，梁漱溟和兄弟们一起在院子里玩耍，一直到很晚才回家。吃过晚饭以后，他突然发现自己积攒了很长时间的钱袋子不见了，就四处问人是否看见了，可是周围的人都说没有看见。情急之下，他开始大哭起来。整个晚上，他吵得全家人都不得安宁。对于梁漱溟的这种行为，父亲梁济既没有劝阻，也没有安慰，甚至连一句责备的话都没有说。

第二天，梁济从院子里经过，看到树上挂着一串铜钱。他知道这一定是梁漱溟挂在树上的，可能是玩得太疯了，以至于忘记拿钱袋了。于是，他走回自己的书房，在纸上写下了这样一段话："有一个孩子在树下玩耍，不留神将钱袋挂在了树枝上，后来由于玩得很兴奋，就忘记了钱袋的事情。可是，回到家里他找不到钱袋，就又哭又闹，实在是没道理。第二天，父亲发现了挂在树上的钱袋，告诉他去取。这个小孩子感到很不好意思，不但承认了自己的错误，还跟家人表示，以后再也不犯类似的错误了。"写完，梁济把纸条交给了梁漱溟，什么话都没说。

梁漱溟看完纸条以后，立刻跑到院子里。当他找到了钱袋以后，才明白父亲写这番话的用意。他在心里暗暗告诉自己：今后不管遇到什么事情，都不会再无理取闹了。从此以后，梁漱溟就像变了一个人一样，凡事严格要求自己，再也没有犯过类似的错误。

每个孩子都跟梁漱溟一样，都是在犯错、认错、知错和改错中成长的。梁济在看到梁漱溟因为丢了钱袋而无理取闹的时候，没有去责备他的无理行为；在看到他忘在树上的钱袋的时候，也没有马上去指责他的错误，而是通过写纸条的方式，既让孩子明白了道理，又维护了孩子的自尊心。使用这种方式，家长反而能让孩子更好地看到自己的错误，并且积极地改正。

善于发现孩子的闪光点

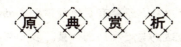

【原文】

分门别类，因材施教。

——《盛世箴言·女教》

【译文】

按一定的标准分成门类，根据人的志趣、能力等具体情况进行不同的教育。

第一章｜言之有度：家长言行要适度

言传身教

在现代社会，很多家长都会变得急躁，不停地安排孩子学这个、学那个，生怕自己家的孩子被别人家的孩子比下去，以后无法在社会上立足。但其实父母的焦躁，不停地给孩子施加压力，反映的恰好是家长内心的茫然，不知道孩子的兴趣所在，也不知道应该怎样因材施教。

在孔子看来，人的智力有高低之分，因此家长或教师可以根据孩子的不同资质，采用不同的教育方法，将孩子引上适合自己的道路，而不是一味地把孩子培养成全才。

家长每天都将孩子的生活安排得很满，孩子的课余时间被各种补习班充斥，逐渐失去了自由。可是家长费心费力，孩子的学习能力却没有得到提高，究其原因，就是因为没有找到适合孩子的教育方法。

那么，怎样才能顺应孩子的天性，对孩子因材施教呢？

第一，要尊重孩子的身心发育规律。

如果孩子不适合做奥数题，就别逼着孩子去学。因为如果孩子学习跟不上，自信心就会受到打击，对学习产生畏惧心理，可能会因此而厌学。所以我们要顺应孩子的身心发育规律，在他的能力范围之内规定学习任务，同时要允许孩子选择适合自己的学习方式，因为每个孩子喜欢的学习方式是不同的。比如晚上复习的时候，有的孩子喜欢默读，有的孩子喜欢大声朗读，在这一点上家长不应做过多的干预，一定要孩子按照自己喜欢的方式去学习。

第二，不能盲目地参考和照搬别人教育孩子的模式。

要善于发现孩子的潜能并且加以重点培养，不能盲目地听信别人的教育经验。生搬硬套别人的教育模式，并不会达到与之相同的效果。我们只有认清自己孩子的特点，采取适当的教育方式，才能让孩子更加进步。

第三，可以根据孩子的兴趣和爱好找准切入点来引导孩子。

比如孩子喜欢数学，就从数学知识入手，让他做更广泛地学习。等到他在数学方面树立起学习的自信的时候，享受到了学习的乐趣，再用优势带动劣势的方法，让他了解到其他科目学习的重要性，使他逐渐取得进步。

第四，要根据孩子的性格选取教育的方式。

每个孩子的性格都是不一样的。有的孩子个性比较强，自制力也相应强一点，可以让他们自己制订学习计划，这样会让孩子觉得受到了尊重，而且父母对自己给予了充分的信任，孩子注注更能自觉；对于自制力较弱的孩子，则需要家长的适度监督；虚荣心强的孩子，家长在教导时要顾及他们的面子；敏感的孩子则需要家长照顾到他们的自尊心……针对不同的性格，家长的教育方式也应该是不同的。只有根据孩子自身的性格特点，采取恰当的教育方式，孩子才能充分发挥潜力，健康快乐地成长。

家风故事

发现孩子的兴趣

祖冲之是我国南北朝时期南朝杰出的数学家、科学家。他在数学、天文历法和机械三个领域都有一定建树。他之所以能够取得如此骄人的成绩，和他父亲对他的严格教育有着非常密切的关系。

父亲祖朔之是一位小官员，他望子成龙心切，总是希望祖冲之能够出人头地。据说小的时候祖冲之经常会受到父亲的责骂，在其不到9岁的时候，父亲就强迫他去背诵晦涩难懂的《论语》。很长一段时间过去之后，祖冲之仅能背出十多行，父亲气得把书摔在地上，怒不可遏地骂道："你真是一个大笨蛋！"

几天后，父亲又把祖冲之叫来，苦口婆心地对他说："你一定要用心读经书，将来考取功名，谋得一官半职；不然，就没有出息。现在，我再教你，如若再不努力，我定不会轻饶你。"但是，祖冲之打心里就不喜欢这深奥难懂的经书。他对父亲说："这经书我是说什么也不读了。"

当祖冲之说完这句话后，父亲气得伸手打了他两巴掌。祖冲之就大哭起来。这时，祖冲之的祖父来了，他厘清事情的前因后果后，对祖冲之的父亲说："如果祖家真是出了笨蛋，你狠狠打他一顿，他立马就会变得聪明起来吗？孩子是打不聪明的，只会越打越笨。"接着，祖父批评祖冲之的父亲："经常打孩子，没有任何的帮助，反而会使孩子变得粗野无礼。"

祖朔之无奈地说："我这么做也全是为了他好！他不读经书，这样下去，将来有什么出息可言？"

033

第一章 | 言之有度：家长言行要适度

祖冲之的祖父批评说："经书读得多就有出息，读得少就没有出息？我看未必。有的人满腹经纶，但只会之乎者也，其他的什么事都不会做！"

祖朔之听了不语，祖冲之的祖父又说："做父母的不能赶鸭子上架，最要紧的是要明白孩子的理想和追求，不要横加阻挠，要学会加以引导，方可让孩子成才。"听了父亲的话，祖朔之同意不再把祖冲之关在书房里念书，还让祖冲之跟着祖父到建筑工地上去开阔视野。

祖冲之不用再读经书了，特别开心，内心前所未有的放松。有一次，祖冲之对祖父说，他对天文感兴趣，将来想做个天文学家，祖父对祖冲之说："孩子，我支持你。正好，咱们家里有很多天文历法方面的书，我先找来给你看看，有什么不明白的地方可以来问我。"

于是，祖冲之在祖父的支持下学习天文历法，渐渐地，父亲也改变了对他的看法。从此，父亲不逼迫祖冲之学习经书，祖冲之对天文历法的兴趣越来越浓厚。后来，祖冲之终于成为一名著名的科学家，为后世做出了很大贡献。

第二章

自立自强：激发引导进取之心

自立自强是一个人走向成功的关键，它是一种积极进取的精神，它使人胜不骄、败不馁，安不懈、险不惧，锐意进取，积极向上，永不屈服，永不妥协；自立自强调动着人们的积极性，激发着人们的才智，引导人们不断进取，推动人们超越自己向前迈进。所以，培养孩子自立自强是使之走向成功的关键。

志向是通往成功的阶梯

原　典　赏　析

【原文】

凡人须先立志。志不先立，一生通是虚浮，如何可以任得事？

——姚舜牧《药言》

【译文】

生为人，必须要先确立志向。如果没有确立志向，一生都是虚浮无实的，怎么才能担得起事情？

言 传 身 教

志向是一个人所有行动的动力。秦朝末年，陈胜、吴广曾经喊出"王侯将相宁有种乎"的口号，号召农民起义，立志推翻秦朝，最终成为秦末农民起义的导火索和前进的动力。"志不立，如无舵之舟，无衔之马。"一个人志向的大小，往往决定了一个人的努力程度，也决定了一个人发展的快慢。

现在很多孩子整日养尊处优，得过且过，不是上网就是玩游戏，早就消磨了心中的志向，家长也头疼不已。没有志向的孩子，将来连自己想要做什么都不知道，何谈人生的动力，又如何实现人生的价值？那么，要怎样才能培养孩子远大的志向呢？

第一，确立孩子的理想。

少年时期的孩子精力充沛，求知欲望、上进心强。同时由于思想不成熟，心理承受能力弱、思想发育没定型，有很大的可塑性。因此，家庭在对孩子进行思想教育时，要坚持以树立远大理想为核心，紧密联系孩子的思想实际。家长要根据孩子的条件和特长为其设计奋斗的大目标，时时鼓励其为实现理想而努力拼搏，不断为孩子增加前进的动力，适应德智体全面发展的要求，进行理想催化引导式教育。在引导孩子树立坚定的理想信念时，要把崇高的理想信念化解为与孩子德智体全面进步密切相关的基本道理，变成催化引导孩子如何做人、如何生活、如何立身成人的具体内容。只有这样才能使理想信念在孩子心灵里扎根生长，使孩子从小乐于接受，并演化为他们成长进步的动力。

第二，鼓励孩子设立目标。

目标鼓励法，就是帮助孩子设计成长目标，激发其积极性，使孩子不断向更高的知识高峰攀登。有目标，才能有动力。目标在人的生活中很重要，要摆脱空虚无聊，就要树立一个目标。孩子虽然有远大的目标，可是落到实处时，就显得动力不足。每一个孩子都是善变的，小时候可能想当钢琴家，长大后理想可能又变了。不论孩子的目标有多远大，家长都要帮助孩子由远及近，从一点一滴的小事做起。家长要根据孩子的思想道德素质、文化基础、承受能力，制定切合实际的成长目标。为孩子制定的目标，既要坚持高标准、严要求，又要是孩子通过努力可以达到的。关键时期（阶段），既要有年度目标，又要有月、周短期目标，在明确整体目标的同时，还要制定逐日完成的小目标，依次实现和突破，不断"添油"鼓励，使孩子像上楼梯一样，一步高一步地健康成长。

第三，形象感召法。

实践证明，"喊破嗓子，不如做好样子"。家长的表率作用，对孩子健康成长有着强烈的感召力。因此，现实生活中，孩子选择什么、追求什么，家长的行为起到很大的作用。家长要充分认识新形势下教育引导未成年孩子成长的重要性，不断强化"为国教子"的意识，努力工作学习，自觉带头提高自身科学文化素质和思想道德素质。同时，还要求我们的家长在生活中要有科学良好的生活习惯，为孩子做出可亲、可敬、可学的样子，这样才能够带出你所满意的孩子。此外，还可以利用名人效应，如中国历史人物、国外著名人物等孩子可以学习的榜样。

第四，谈心诱导法。

俗话说："知子莫如父，知女莫如母。"家长要针对未成年孩子在不同时期、不同原因下暴露出的心理、思想道德问题，及时与其进行谈心沟通。

在日常生活中家长要做到"三勤"，即勤了解孩子在学习中的思想反应，勤观察孩子在学习生活中的精神状态，勤谈心以消除孩子思想上的疙瘩。家长在与孩子谈心时，不但要告诉孩子"怎样做"，而且还要让孩子明白为什么"这样做"，从道理上说服孩子，使其知道理，明德行，教育孩子成为一个正心、诚意、有目标的人。在谈心的方式上也应该选择合适的场合和时间，这样才能收到更好的效果。

家风故事

李时珍立志成名医

我国古代著名的中医药专家李时珍，早年时候就想要自己编纂一部内容可靠、纲目清晰的药典，为了实现这一志向，他为此奋斗了终生。年轻的时候，不管天气如何，李时珍都会一人上山采集药草。有时候他独立荆棘丛中，对着一朵野花观察；有时候又会捏着一束草根嗅个老半天；偶尔他也会走到农民、猎人或樵夫身边，向他们探询、请教某些动植物的医疗价值，而这些人也都热心地把自己所知道的告诉他。

李时珍不计劳苦地四处收集药方、采摘草药，一方面是要通过实地考察求证古代医书上所记载的各种药物及其医疗效果；另一方面是要实现自己的宏愿，订正古代医书上的错误，编纂一部内容翔实可靠的医学药典。

李时珍坚信这项工作具有重大的意义，而且是刻不容缓的。因为当时社会上有不少江湖医生由于滥用药物而使许多病人无辜受害，李时珍感到非常不满。

李时珍的父亲是个名医，经常给当地的百姓治病。李时珍从小就跟随父亲左右，耳濡目染，对医学产生了浓厚的兴趣。李时珍从23岁那一年开始，一边行医一边博览医书。

由于李时珍具有深厚的医学修养和丰富的临床经验，他治好了不少身患顽疾的人。两个人们口耳相传的故事足以证明李时珍高超的医术。有一天，李时珍在江西湖口行医时遇见一个孕妇，她因为难产而处于极度危险状态，别的医生都摇头，断定那孕妇已经无药可救了。可是李时珍却不放弃，他只在孕妇的胸部穴位上刺了一针，就把孕妇救活了，胎儿也保住了。还有一次，有个小孩子生了怪病，喜欢吃灯花，每当嗅到灯花味儿时便哭闹着要吃，家人感到莫名其妙，请李时珍来诊治。李时珍看了之后断定这是小孩肚子里的寄生虫造成的，就用杀虫的药物来治疗，结果把小孩子的怪病治好了。从此，李时珍的医术广为流传，慕名求医的人络绎不绝，甚至有不远千里而来的。地方上瘟疫流行的时候，李时珍同情贫苦的老百姓，免费为他们治病，深受老百姓的爱戴。

李时珍穷尽一生的时间和精力，读了上千本医书，行遍大江南北，听取并记载了各地人关于疑难杂症的良方妙药，最后在他 61 岁的时候终于写成了举世闻名的《本草纲目》这一著作，完成了他一生的宏愿。

如果李时珍没有在少年时就立志学医，就不会有他为之奋斗一生而获得的伟大成就。通过这个故事，我们能够感受到志向对一个人的成功是多么的重要。

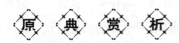

不做孩子行走的"拐杖"

039

原 典 赏 析

【原文】

赖其力者生，不赖其力者不生。

——《非乐》

【译文】

依靠自己的力量，靠勤劳努力就能生存，否则就不能生存。

言 传 身 教

在春秋时期，墨家的弟子大都有一种游侠精神，这种精神非常强调个人解决问题的能力，作为游侠，必须要自食其力。这是墨家强调独立精神

第二章 自立自强：激发引导进取之心

的一个表现。墨子认为在社会中生存的每个人都必须参加劳动，做出自己的贡献，这样社会才能够有所发展。

对于孩子而言，具备自食其力的能力也是必不可少的。每个孩子迟早都会长大，都会脱离父母，走向社会，拥有自己的生活，凭借自己的能力在社会上生存发展。如果没有自食其力的能力，没有安身立命的技能，那么孩子就有可能难以在社会上生存，就可能沦为社会的寄生虫。对于父母而言，让孩子学会自食其力，是对孩子的未来负责。

要培养孩子的自立能力，家长要注意到以下几点：

第一，培养孩子积极的心态。

孩子的内心都有一种积极向上的心理，如果孩子想要自己独立地完成某件事，家长就应尊重孩子的意愿，相信孩子，让孩子自己慢慢地去做，给孩子锻炼的机会，不要总是对孩子说"你还小""你不懂"诸如此类的话。孩子的成长速度远远超过成人的想象，很多成年人认为孩子完全没有能力做到的事情，孩子可能做得游刃有余。因此，父母应当懂得放开手，让孩子去锻炼自理能力。

第二，让孩子拥有责任心。

自食其力的孩子小的时候便极具责任心，能够替父母分担很多东西，等到长大进入社会之后，肯定可以具备较强的个人能力，在社会中做到游刃有余。中国的家长都认为孩子的主要任务是学习，觉得孩子在学习的过程中始终是个空桶，给什么，装什么；孩子是张白纸，画什么，显什么。但是许多家长忽视了孩子的个性、思考能力以及探索未知世界的欲望和能力。中国传统教育的一个重大误区是混淆了孩子作为自然人的成长过程与作为社会人的成长过程。

第三，从父母自身做起。

孩子是父母的镜子，孩子身上出现问题，其实"病根"在父母身上。天下的父母都爱孩子，却未必都知道怎么爱孩子。有的家长以为爱孩子就是无条件地满足孩子的物质需求，为孩子包办所有的事情，实际上这剥夺了孩子独立生活的权利，不利于孩子独立生活能力的养成。爱孩子就要给孩子独立生活的机会，让孩子真正成为独立的个体。

第四，让孩子有自我独立的意识。

歌德说过："谁不能主宰自己，谁将永远是个奴隶。"作为家长，从小就要让孩子认识到独立意识的重要性，避免让孩子养成依赖思想。孩子的独立行为是靠自己独立的思想来支撑的，当家长的要在生活中有意识地培养孩子的独立性。当孩子有自己的想法时，家长不要急着否定，而是要给孩子表达见解的机会，并问孩子为什么会有这样的想法。篮球明星乔丹的妈妈曾深有体会地说："在对孩子放手的过程中，最棘手的问题是让孩子去追求自己的梦想，自己做出事关终身的决定，选择与我为他们设计的不同发展道路。"

第五，放开父母的双手。

家长想让孩子真正独立，就要放开紧握孩子的双手。因为孩子已经开始有自己的尊严和独立人格。作为家长，只要不涉及原则性的问题，就要尊重孩子的意愿，给孩子充足的自由，让孩子自己做决定，给孩子独立生活的机会，这样，孩子才会成长为独立的、有主见的人。

第六，相信孩子的能力。

不要轻视孩子解决问题的能力。要支持和鼓励孩子与成年人经常沟通与交注。尤其要引导孩子，对家事、国事、天下事，发表自己的不同意见，不断提高孩子的思维能力和应变能力。作为家长，在日常生活中，要给孩子一定的发言权，在孩子充分发表自己的意见之后，要肯定孩子的发言内容，并给予正确的引导。

第七，让孩子学会"实事求是"。

家长不能替孩子完成任务。孩子经常为了功课而熬到深夜。这一方面可能是因为作业确实浪多，另一方面也有可能是孩子放学后因为贪玩而没有及时完成作业导致的。这时，浪多家长不着眼于弄清原因，只觉得孩子如果没休息好会耽误第二天的学习，于是就选择自己代劳。这种做法是十分不可取的。如果家长希望教育出一个实事求是的孩子，首先应该正视自身，自己做到名副其实。自己办不到的事情不要轻易许诺，无论是对外人还是对自己的孩子；答应了的事情就一定要做到。大人尤其不能随便说出一些没有根据的大话。因为孩子接触的事物有限而且具体，他们会模仿看见和听到的一切。所以，如果父母先做了言行不一的表率，就不能怪孩子喜欢偷奸耍滑。做父母的言行合一，孩子在耳濡目染下自然会明白什么是说到做到。

家 风 故 事

自食其力的"乞丐"

古代齐国有这么一个人，身无一技之长，衣衫褴褛，居无定所，每天以乞讨为生，日子过得非常困窘。

那时候，城市面积没有多大，他每天来回穿梭的就是那几条街巷，讨要的也只是那几户人家。最初，人们出于同情，尚且施舍给他一些残菜剩饭；时间长了以后，人们就觉得他来的次数太多了，令人生厌，于是再也没有人愿意施舍给他食物了。因此，他只能忍饥挨饿。

可天无绝人之路，偏偏这个时候有个姓田的马医因活儿太多忙不过来，需要找一个帮手。这个乞丐便主动找上门去，请求在马厩里给马医打打杂工，以此换取一日三餐。这样，他再也不用沿街乞讨，晚上也不必漂泊流浪，安定的生活使他的日子变得充实起来，干活也格外卖力。

可是，又有人在一旁取笑他了："马医本来就是一个被人瞧不起的职业，而你不过是为了混口饭吃，就去给马医打杂、当下手，这不是你的莫大耻辱吗？"

这个昔日的乞丐平静地回答："依我看，天下最大的耻辱莫过于寄生虫靠乞讨度日。过去，我为了活命，连讨饭都不感到羞耻；如今能帮马医干活，用自己的劳动养活自己，这又怎么能说是耻辱呢？"

可以说，这个齐国人的生活态度是好的，因为他觉得劳动并没有高低贵贱之分，只要不做寄生虫，只要是依靠自己的双手养活自己，只要是自食其力，就可以挺直腰板堂堂正正地做人。

这个故事告诉我们：如果一个人缺乏自立能力，那么他永远无法长大。所以要在孩子年幼的时候就培养他自食其力的能力，否则，他进入社会以后就不可能有所作为了。

培养孩子坚强的性格

【原文】

天行健，君子以自强不息。

——《周易·乾·象》

【译文】

天（即自然）的运动刚强劲健，相应地，君子处世，也应像天一样，自我力求进步，刚毅坚卓，发愤图强，永不停息。

言 传 身 教

孟子在两千多年前提出的"富贵不能淫，贫贱不能移，威武不能屈"的言论，对于今天的人们来说，仍有很高的指导意义。首先是"富贵不能淫"，这一点是很难做到的，后来毛泽东主席曾说过的"警惕糖衣炮弹的袭击"就是这个道理。很多人就是因为在富贵之后，被冲昏了头脑，把当初的一腔热血、凌云壮志抛到九霄云外去了。其次就是"贫贱不能移"，很多白手起家的人都经历过非常艰苦的创业阶段，在最困难的日子里，是不是依然能够坚持自己的理想，依然不放弃，是能否取得成功的关键所在。最后是"威武不能屈"，在权势面前不卑不亢，不向邪恶势力低头弯腰，保持铮铮铁骨，这才是真正有气节、值得尊重的人。

有句话说得好：性格即命运。一个人的性格对他一生的发展会产生重大的影响。心理学家威蒙曾经对 150 名成功人士做过调查研究，发现一个人的智力发展和他坚强的性格有着不可分割的关系。坚强的性格能够促使一个人向着自己的目标不停地奋进，任何客观因素都难以阻挠他前进的脚步。

坚强的性格能够让孩子承受难以预料的灾难与困难，磨炼孩子的意志，让孩子变得更加成熟，勇敢地面向未来。那么家长们应该怎样培养孩子坚强的性格呢？

第一，给孩子制定合理的目标。

家长应根据孩子的年龄特点，为其制定短期和长期两种目标。短期目标要具体明确，让他明白只要努力，一定会达到。而长期目标要定得高、远，最好有具体榜样，这样对于孩子来说，更易理解接受，以促使他为之努力。当孩子心中有了目标，他就会为实现目标去努力，表现得坚毅、顽强和勇敢。

第二，给予孩子自由的空间。

孩子成长的过程中会经历失败，他需要父母给予他不断尝试的机会。所以要尽可能地让孩子独立活动。在活动中，孩子会遇到外部困难和障碍，要让他自己去解决。当他最终达到目标，会觉得来之不易，从而获得与众不同的满足感。他会因此而自豪，增强克服困难的勇气和不达目的不罢休的决心。

第三，给孩子设置必要的障碍。

坚强的意志不是天生的，而是在困难中磨炼出来的。家长要让孩子从小就认识到挫折是不可避免的，更要让孩子学会凭借坚强的意志去战胜它。

第四，鼓励自我训练。

自我禁止、自我命令、自我激励都是锻炼意志的好形式。你可以让孩子在长跑的艰难时刻自己给自己下命令："坚持到底""再坚持一下"等。

第五，适时激励表扬。

赞扬可以提高孩子的自信心，有利于意志的锻炼。特别是对少儿，家长要注意他们在活动中通过努力表现出来的点滴进步，适时、适度地给予肯定和赞赏。温存的微笑、亲切的抚摸、友好的合作，对孩子都是鼓舞。

苏武自强守气节

西汉时期的苏武就是一个让人尊敬、有气节的大丈夫。

自从汉武帝派出卫青、霍去病大破匈奴之后，双方几年之内相安无事。匈奴口头上称要与汉朝修好，实际上他们随时都想要进犯。匈奴单于数次派使者前来求和，汉朝也派出使者回访，却有几次被他们扣留了，于是汉朝也扣留了一些匈奴使者。

公元前 100 年，新即位的匈奴单于派使者来向汉朝示好，还说答应把扣留的汉朝使者都放回来。汉武帝为了答复匈奴的善意表示，派中郎将苏武拿着旌节，带着副手张胜和随员常惠，出使匈奴。

苏武到了匈奴，送上礼物，接回被扣的汉朝使者并将其送回本国。苏武正等单于写回信，没想到这个时候出了个意外。苏武没到匈奴之前，有个汉人叫卫律，在出使匈奴后投降了匈奴。单于特别重用他，封他为王。卫律有一个部下叫虞常，对卫律很不满意。他跟苏武的副手张胜原来是朋友，就暗地跟张胜商量，想杀了卫律，劫持单于的母亲，逃回中原去。

张胜表示很同情，没想到虞常的计划没成功，反而被匈奴人逮住了。单于大怒，叫卫律审问虞常，还要查问出同谋的人。苏武本来不知道这件事，可事态严重，张胜怕受到牵连，才告诉苏武。苏武说："事情已经到这个地步。一定会牵连到我。如果让人家审问以后再死，不是给朝廷丢脸吗？"说罢，就拔出刀来要自杀。张胜和随员常惠眼快，夺去他手里的刀，把他劝住了。

虞常受尽种种刑罚，供出了张胜，卫律向单于报告，单于大怒。他想杀死苏武，被大臣劝阻了，单于又叫卫律去逼迫苏武投降。苏武一听卫律叫他投降，就说："我是汉朝的使者，如果违背了使命，丧失了气节，活下去还有什么脸见人！"又拔出刀来向脖子抹去。卫律慌忙把他抱住，苏武的脖子受了重伤，昏了过去。

卫律赶快叫人抢救，苏武才慢慢苏醒过来。单于觉得苏武是个有气节的好汉，十分钦佩他。等苏武的伤痊愈了，单于又想逼苏武投降。单于派卫律审问虞常，让苏武在旁边听着。卫律把虞常定了死罪，杀了。接着又举剑威胁张胜，张胜贪生怕死，投降了。卫律对苏武说："你的副手有罪，你也得连坐。"

苏武说："我既没有跟他同谋，又不是他的亲属，为什么要连坐？"卫律又举起剑威胁苏武，苏武大义凛然，威武不屈。卫律没办法，只好把举起的剑放下来，劝苏武说："我也是不得已才投降匈奴的，单于待我不薄，封我为王，给我几万名部下和满山的牛羊，享尽富贵荣华。先生如果能够投降匈奴，明天也跟我一样，何必白白送掉性命呢？"

苏武怒气冲冲地站起来，说："卫律！你是汉人的儿子，做了汉朝的臣下。你忘恩负义，背叛了父母，背叛了朝廷，厚颜无耻地做了汉奸，有什么脸来和我说话。我决不会投降，怎么逼我也没有用！"

卫律碰了一鼻子灰，回去向单于报告，单于把苏武关在地窖里，不给他吃的喝的，想用长期折磨的办法逼他屈服。这时正值冬天，外面下着鹅毛大雪，苏武忍饥挨饿，渴了，就捧一把雪止渴；饿了，就扯皮带、羊皮片啃着充饥。过了几天，居然没有饿死。

单于见折磨他没用，便把他送到北海（今贝加尔湖）边去放羊，跟他的部下常惠分隔开来，不许他们通消息。还对苏武说："等公羊生了小羊才放你回去。"公羊怎么会生小羊呢，这不过是说要长期监禁他罢了。苏武到了北海，那里什么人都没有，唯一和他做伴的是那根代表朝廷的旌节。匈奴不给口粮，他就挖野鼠洞里的草根充饥。日子久了，旌节上的穗子都掉光了。

一直到了前85年，匈奴的单于死了，匈奴发生内乱，分成了三个国家。新单于没有力量再跟汉朝打仗，又打发使者来汉朝求和。那时候汉武帝已死去，他的儿子汉昭帝继位。汉昭帝派使者到匈奴去，要单于放回苏武，匈奴谎称苏武已经死了。使者信以为真，就没有再提。

第二次，汉使者又到匈奴去，苏武的随从常惠还在匈奴。他买通匈奴人，私下和汉使者见面，把苏武在北海牧羊的情况告诉了使者。使者见了单于，严厉责备他说："匈奴既然有心同汉朝和好，就不该欺骗汉朝。我们皇上在御花园射下一只大雁，雁脚上拴着一条绸子，上面写着苏武还活着，你怎么说他死了呢？"

单于听了，吓了一大跳。他还以为真的是苏武的忠义感动了飞鸟，连大雁也替他送消息呢。他向使者道歉说："苏武确实活着，我们把他放回去就是了。"

苏武出使的时候，才40多岁。在匈奴受了19年的折磨，胡须、头发全白了。回到长安的那天，满城人民都出来迎接他。他们瞧见须发皆白的苏武手里拿着光杆子的旌节，无不为他的一身气节所感动，都称赞他是个如磐石般坚定不移的大丈夫。

通过苏武的故事，我们更加明白了自立自强是中华民族对理想社会的不懈追求，是必备的一种基本的精神动力，它激励着中华民族不断进取。

给予孩子一生的尊严

【原文】

子弟失欢，但当教训，不可向人陈说。

——《西岩赘语》

【译文】

子侄辈们在家中有了过错，应该给以教训，但不宜向外人宣扬。

言 传 身 教

作为父母，我们应该教给孩子些什么呢？首先要维护孩子人格的尊严。因为他们的自尊心与自信心是相辅相成的，家长们不要以为孩子还小，什么都不懂，就轻易在众人面前处罚打骂，或是说一些中伤的语言。这样的伤害会让孩子很难忘怀，甚至会影响孩子的一生。所以，为人父母要维护儿童的人格尊严。

每一个人都有自己的尊严。孩子的自尊一旦受到伤害，那么他幼小的心灵也会留下阴影。孩子的心灵一旦受到伤害，那伤口是难以治愈的。严重的伤害会夺去孩子的性命。

生活中类似这样的事情时常会发生，它告诉我们，一定要呵护孩子的自尊，因为呵护孩子的自尊，其实就是尊重生命。好的关系胜过好的教育，培育良好的亲子关系是教育的前提，也是教育的真谛。

要培养良好的亲子关系，家长就要从自身出发，改变观念，调整位置。

孩子作为一个独立的个体，他们的内心世界是丰富多彩的，家长要对孩子进行教育，不了解孩子的内心世界，对孩子的教育也就无从谈起了。

家长要想了解自己的孩子，第一要诀就是要呵护孩子的自尊，维护孩子的权利，成为孩子值得信赖与尊敬的朋友。教育孩子的前提是了解孩子，了解孩子的前提是尊重孩子。"尊重"的含义包括"尊"和"重"两个方面。"尊"是指把孩子当作平等的、独立的人看待；"重"是指对孩子的一切——思想、情感、愿望、喜好加以重视和认真对待。

曾经有一位教育家说过，一个人心灵的世界是靠尊严来支撑的，不怕没有钱，就怕没骨气。从小就培养孩子成为一个有骨气、有尊严的人，要做到以下几点：

第一，要尊重孩子

有一个乞丐跪在地上摆着铅笔摊乞讨。一位商人走了过来，丢下了一美元，便匆匆离去。过了一会儿，那位商人又跑过来，对乞丐说："我们都是商人，都是卖东西的，我刚才付给你一美元，没拿东西，现在我要拿走。"说完蹲下来，很认真地挑了几支铅笔，走了。

商人的话让乞丐大为震动。他第一次听到别人叫他"商人"，而不是"乞丐"，所以他一下子找到了做人的尊严，迅速地站起来，拍了拍身上的土，开始认真经营起他的铅笔摊。经过几年的努力，他成了名副其实的商人。

因为得到了别人的尊重，所以乞丐找回了尊严。对待孩子也一样，父母只有尊重孩子，让他了解到人与人之间是平等的，每个人都享有被尊重的权利，他才会成为一个有骨气、有尊严的孩子。

第二，保全孩子的"面子"

"面子"是一个人自尊心外化的一种体现。很多家长都以为孩子小，什么都不懂，根本无须顾及他们的"面子"。可是，如果父母的做法和态度让孩子觉得自己丢了"面子"，他们会感到难堪、气愤，甚至无法忍受，并会以不高兴、哭闹、"嘴硬"、我行我素等方式来表达出自己的反抗。因此，家长一定不能忽略自己对孩子的态度，要努力呵护孩子的自尊心，使其健健康康地成长。

第三，要让孩子学会尊重别人

尊重他人是一个人最基本的教养。一个人如果不懂得尊重别人，那么他将没有任何尊严可言。法国思想家卢梭曾说过，别人对我们的态度始于我们对别人的态度。所以家长要以身作则，教会孩子尊重他人：在家里，要让孩子学会尊重长辈、邻居，在学校里要学会尊重老师和同学，同时要让孩子保持对弱者的爱心。当孩子学会尊重别人的时候，他也会得到别人的尊重，从而拥有属于自己的尊严。

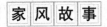

家 风 故 事

做人要有骨气

齐白石的父亲老实寡言，母亲的性格却刚好相反，刚强豪爽，好为左邻右舍的穷人打抱不平。小时候，齐白石亲眼看到瘦弱的母亲和蛮横的地保讲理，每当父亲受到别人无端的欺负时，都是母亲在替他出主意反击。

齐白石6岁时，有一天，一位巡检到他们隔壁的村子里巡视。巡检不过是芝麻绿豆大点儿的小官，却把排场弄得特别大。那个人坐在轿子里，有专人负责吆喝开道，在鲜有热闹看的乡下，人们都赶着去看热闹。

隔壁的三大娘来叫齐白石和他母亲一起去，可是齐白石却一直执拗着不肯去。母亲当着三大娘的面问他："你到底去不去？"齐白石沉着脸说："不去！"母亲对三大娘说："你看这孩子，今天也不知道为什么这么别扭，就是不肯去，您还是自己去吧！"齐白石听见母亲如此说，以为她不高兴了，等三大娘走了以后，自己肯定少不了一顿骂。可是，母亲不但没有怪他，反而笑着对他说："好孩子，有志气！咱们这里哪里来过像样的官，去看他做什么！我们凭着自己的一双手吃饭，官不官有什么了不起！"

母亲的这番话对齐白石影响很深，从此以后，他就养成了不慕官禄的倔强性格。抗日战争时期，北平伪警司令、大特务头子宣铁吾过生日，硬要邀请齐白石赴宴为其作画。齐白石来到宴会上，他环顾四周，看了一眼满堂的宾客，略有所思，顷刻之后，他铺纸挥洒，转眼之间，一只水墨螃蟹跃然纸上。众人都被齐白石的画技所折服，宣铁吾也喜形于色。可是，齐白石笔锋一转，在画上题了一行字：横行到几时，后书：铁吾将军，然后拂袖而去。

有一个汉奸向齐白石求画，齐白石画了一个涂着白鼻子、头戴乌纱帽的不倒翁，还题了一首诗："乌纱白扇俨然官，不倒原来泥半团，将汝忽然来打破，浑身何处有心肝？"

1937年，日本侵略军占领了北平。齐白石为了不被敌人利用，坚持闭门不出，并在门口写下了告示："中外官长要买白石之画者，用代表人可矣，不必亲驾到门，从来官不入民家，官入民家，主人不利，谨此告知，恕不接见。"后人敬仰齐白石，不仅是因为他在书画上的成就，更是因为他那有骨气、有尊严的作为。

教会孩子有自己的主见

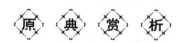

【原文】

人言善亦勿听，人言恶亦勿听，持而待之，空然勿两之，淑然自清。

——《管子·白心》

【译文】

人们说好，不轻易听信；说不好，也不轻易听信。保留而加以等待，虚心地戒止冲突，终究会寂然自明的。

何谓主见？就是一个人对事物确定的意见或见解。人应当忠实于自己，有自己独特的想法。生命最美好之处就在于按照自己的想法生活。如果缺乏主见、优柔寡断、事事唯他人马首是瞻，就很难有自己发展的方向和目标，或许一辈子都一事无成。

庄子为我们举了一个例子，有个人叫宋荣子，境界非常高，能够做到"举世而誉之而不加劝，举世而非之而不加沮"。意思就是世上的人们都称赞宋荣子，他却并不因此而更加奋勉；全社会的人都责难他，他也并不因此而更加沮丧。一个人需要这种精神，如果你为自己确定了目标，并决心要实现这个目标，就不能太在意他人的想法，只需要坚持自己的主见，遵从自己的内心，不做伤天害理之事，外人的风言风语完全可以不加考虑。西方的诗人但丁也有一句类似的话："走自己的路，让别人说去吧！"

让孩子成为有主见的人，首先要让孩子具有发散性的思维。有主见不是一意孤行，不是固执己见，而是要灵活思考，有自己的观点和方法。所以培养孩子的发散性思维非常重要。发散性思维，也叫扩散思维、辐射思维，指的是在解决和思考问题的过程中，从已知的对象出发，进行天马行空的想象，不受什么规则约束，尽可能从多角度思考的思维方式，它比传统的单一性思维更能激发孩子思维的多样性和创造性。

作为家长，在教育孩子的时候，不要给孩子灌输标准答案，而是要教孩子从多个方面看待事物的方法，激发孩子的发散性思维。

自己选择人生

李时珍的父亲一直希望李时珍能够考取功名。李时珍遵从了父亲的意愿，参加了县里的科举考试，中了秀才。可是因为他本人的兴趣并不在于对功名的追求，学习起来缺乏动力，所以在以后的三次乡试中，他都落榜了。

回乡以后，他恳求父亲："我可不可以不要再去考取功名了？你看，现在疾病流行，人们饱受痛苦，那些官员却对此不闻不问，无动于衷。我怎么能去做这样的官，跟那些不问百姓疾苦的人为伍呢？"父亲听了李时珍的话，非常惊讶，他一直都以为李时珍对自己的将来没有多少想法，现在看来，儿子已经有了自己的想法，所以他很愿意给儿子自主选择的权利。李时珍说："我想像父亲一样，成为一名医生。因为从医不仅可以减轻老百姓的病痛，还能救人性命。"父亲尊重李时珍的想法，同意他的请求。于是，李时珍放下了官书，拿起了医书，刻苦钻研，终于成了一名医生。

在李时珍 20 岁那年，蕲州发生了一场严重的水灾。滔滔洪水如同猛兽一般冲过了江堤，顷刻间，蕲河两岸的千顷良田成了一片汪洋。洪水之后便是瘟疫，病魔无情地吞噬着无辜的生命。李时珍目睹这种惨状，心如刀绞，和父亲一道每天都为救人而忙碌。

有一天，李时珍正在帮人看病，突然有一帮人吵吵闹闹地来到了他们家的诊所。为首的年轻人说："李大夫，我带来了一个骗子郎中，你给评评理。我爹吃了他开的药，病没治好，反而加重了。我去找他算账，他硬说自己没开错。我们都信得过您，您给看看。"说着，把给父亲煎药的药罐递了过来。李时珍抓过药渣一闻，说："是虎掌。"江湖郎中一听"虎掌"，慌忙解释说自己绝对没开过这种药，一定是药铺弄错了。年轻人听了，就想往外冲，找药铺算账。李时珍拉住他说："别去了。这是古医书上的错误。就拿《日华本草》来说，它就把漏篮子和虎掌混为一谈了。"

"对，我开的就是漏篮子。"江湖郎中赶忙说。"那打官司也没用啊。"众人都附和说。无奈，他们只好把江湖郎中放了。可是，尽管事情已经过了很久，但这桩医书误人的事情却在李时珍的心里一直挥之不去。他觉得如果不能修正古书上的错误，以后一定还会有更多的人受害，于是决定修改古书。

他把自己的想法跟父亲说了，父亲说："这是一件非常难的事情，你确定要这么做吗？"李时珍坚定地回答："是的。""既然决定了，就按照你的想法去做吧，我会一直支持你的。"父亲如是说。

作为父亲，他当然不希望自己的孩子冒险去做这么艰难的事情。但是他一直希望给孩子自主选择的权利，觉得只有孩子自己才是最了解他自己的人，所以儿子一定会知道，他的能量有多大，最终能够做到多大的事情。尽管在李时珍做各种实验的时候，他都特别担心，并且有几次都忍不住想要劝阻儿子放弃，可是直到《本草纲目》问世，他才知道自己的决定是正确的——只有给孩子更多自主的空间，他才能做成更大的事情。

自信是孩子成功的关键

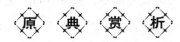

【原文】

天生我材必有用。

——《乐府·将进酒》

【译文】

上天生下我，一定有需要用到我的地方，需要我去完成。

言传身教

自信，是对自己的能力、品德有正确认识后的信心，并对通过自身努力实现既定目标充满信心，是一种积极向上的精神状态。

自信的人面向未来，满怀希望，与朝气、热情同在，从内到外洋溢着个人的力量。而这种力量既是克服困难，实现目标的动力，又是获得别人信任和好感的原因。只有自信，才能让别人相信。所以，自信，既是战胜自我的原动力，也是战胜别人的力量，它是通向成功道路的一个先决条件。

所谓"尺有所短，寸有所长"，相信自己，是从肯定自己的长处开始的。人当然要善于知道自己的过错并改正，但同时也要善于发现自己的长处，这样才会增强生活的信心，有勇气和力量追求更好的自我与生活。

自信是生命的翅膀，唯有教育孩子自信，才能够充分地释放他们自身的能量，从而走上人生成功之路。

黄河之水天上来，奔流到海不复回。这是何等的气势！一个孩子如果能够充满自信，那么他就可以充分发掘自身的潜能，并能赢得他人的信任和尊重，从而创造自己的卓越人生；而一个孩子如果丧失了自信，那么他只能使自己的潜能深埋，并丧失他人的信任和尊重，从而在人生的旅途上跌跌撞撞，甚至默默无闻。作为父母，应当尊重孩子的人格，正确地评价孩子，引导孩子树立自信心并不断地自我激励，从而使孩子勇往直前，朝着自己人生的目标迈步前进。在一个孩子的成长过程中，通过接受鼓励而产生自信心是非常重要的，是父母应时刻关注的问题。

在孩子的幼年时期，面对着大千世界，他们常常感到束手无策。但是，随着年龄的成长，他们仍然有勇气进行各种尝试，学习各种方法，以使自己适应环境，使自己能够融入这个世界。但是在这个时候，父母往往无意之中给他们设置了许多障碍，而不是帮助他们。父母这样做的根本原因是不相信他们的能力。

大人们常常不经心地向孩子们展示自己多么有能力、有魄力。我们的每一句话，像"你怎么把房间搞得这么乱""你怎么把衣服穿反了"这类话，都会向孩子们显示他们是多么的无能，是多么缺乏经验。我们这么做就会使他们慢慢地失去了自信心，失去了努力去探索、去追求、去锻炼的自觉性，忘记只有通过各种锻炼和闯荡才能使自己成为一个有用的人。

父母常常有一种先入为主的概念，认为孩子到了某种年龄，才能做某种事情，否则的话，就认为他太小，太缺乏能力，不能做这类事情。但是往往孩子在那个时刻是可以做得很好的，但是父母却人为地推迟了他学会本领的时间。而且最关键的是父母的这种做法，会使孩子失去自信，怀疑自己的能力，减弱他们的进取心。这种消极因素将会对孩子的一生都有影响。

孩子在试着做事情时，难免要犯错误，这时做家长的要避免用言语或行为向孩子表明他是个失败者。不能在孩子头脑中留下他是"笨蛋"的印象。在我们的脑子里，我们必须清楚，做一件事情失败了只是说明这个孩子缺乏技巧，这种技巧有时是因为父母没有很认真地传授，而丝毫不该影响孩子本身的价值。父母应该培养孩子敢于犯错误，敢于失败，同时并不降低他自己的自尊心和自信力的能力。孩子和成人一样要有勇气去接受错误、去纠正和改正错误。不怕犯错误和改正错误是同样珍贵的。

对于家长来讲，我们自己不能泄气或失去信心。要想鼓励孩子最重要的两条是：

第一，不要讽刺他们，以免使他们受到不同程度的打击。

第二，不要过分地赞扬他们，以免其产生骄傲情绪。

父母所做的一切事情都要顾及一点：不要使孩子失去信心。同时父母还要知道，应该如何去鼓励孩子的自信心、鼓励孩子表现自己的本领。

从幼儿时期开始，孩子们就表现出要干自己事情的欲望，婴儿自己去抓勺子是因为他想喂自己吃饭，父母常常害怕他们把衣服、桌子搞得一团糟，而不许他们自己试一试。父母这样做其实是挫伤了他们的积极性，使孩子产生了对自己能力的怀疑。

有关专家提醒父母，只要孩子显示出要为自己做某种事情，父母就应该放手让他们自己去做。对于年龄很小的孩子，做父母的总是这也不放心，那也不放心，忙来忙去弄得自己心烦气躁。因为孩子小，父母似乎责无旁贷地要走过去帮他们，特别是当父母看见孩子有困难时。

但是父母必须制止这种冲动，因为父母习惯去帮助孩子，常常没有认识到这种帮助有时是没必要的，孩子们事实上早已掌握了技巧。父母替孩子们干事情，经常会受到孩子们的抵制，他们会说："让我自己来。"每个孩子在生命之初都有表现自己能力的欲望。

如果他们有机会去表现，照顾自己，帮助父母，他们会为自己有能力而感觉良好。这样在孩子成长的过程中，他很自然地愿意去为自己做事情，为别人做事情。

有时在看到父亲写字时，孩子忙着找一支笔想要写写画画；妈妈浇花，孩子也要提着玩具桶来帮忙。这是一种参与的欲望，也是一种能力的表现欲。但这种意愿可能被恐惧、呵护和父母的包办式服务所挫伤。因为父母有可能担心他们碰着，有可能担心他们帮倒忙，或者担心他们太费力气而拼命阻止。在这种情况下，孩子们被打击，他们很快就发现自己的弱点，开始认为自己没有足够的能力，对自己的评价很低，然后他们发现别人能为自己提供的服务又快又好，这样会使他们已经很低的自信心就会变得更低。父母可以遵照各种书里的教育准则去教育孩子，这些道理听起来很简单，可是当事情比较急，或父母希望每件事情都干得很像样子时，就容易放弃这些准则而

第二章　自立自强：激发引导进取之心

055

自行其是了。

父母常常低估孩子们的能力，放大他们的无能为力。但在有的方面，父母却又对孩子抱有过高的期望。当父母对孩子抱有过高的期望时，等于把自己的高要求强加于孩子头上，使他们更觉胆怯。总而言之，父母应当做的是相信孩子的能力，给予他们机会，这种信任是对孩子的一种尊重，同时允许他们设立自己的目标。

家风故事

项羽自信称"霸王"

众所周知，项羽是一位"力拔山兮气盖世"的乱世英雄。他之所以成为一代霸王，自然与他身高八尺，力大可举鼎，才气过人的自身条件分不开，而最重要的是与他相信自己生来就有作为的自信心分不开。项羽二十几岁时，有一次随叔父项梁出游，看到秦始皇巡游会稽，车船人马浩浩荡荡过江的壮观场面，他便胸有成竹地说："终有一天我会取而代之。"话一说出来，项梁赶紧捂住项羽的口，唯恐被人听见，招致灭族之灾。在别人看来，当时项羽年少无知，才口出狂言，但其实这正表现了他胸怀自信的豪迈之气。正如他所自信的那样，在秦王朝政治黑暗、混乱的时候，项羽不依靠任何权贵，在民间奋起。短短三年间，就发展到率领五国的诸侯一举消灭秦朝，并且分割天下，自行封赏王侯的阶段，史称他为"霸王"。

自律是孩子成才的法宝

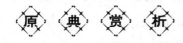

【原文】

治心之要，先在克己。

——《庭训格言》

【译文】

治心的关键，就是要首先约束自己。

言 传 身 教

"治心之要，先在克己"，康熙教育孩子的这句庭训，用现在的话来说就是要严于律己，这是道德修养的本质内容。"严"指严格要求自己，洁身自爱，内省慎微，及时发现和改正自己的错误。严于律己，才能正身居敬。

周恩来总理曾经说过："对自己应该自勉自励，应该严一点，对人家宽容一点，'严以律己，宽以待人'。"

林逋是北宋初期的著名诗人，字君复，钱塘人。他自甘淡泊，洁身自好，写了一本《省心录》。林逋说，在人与人交往的过程中，应该严于律己，宽厚待人，这样才能少犯错误，多交朋友。如果有了过错而能够痛改前非，这样仍然是一位君子；如果有了过错不知道悔过自新，还因循姑息，那就是小人。人都会有过失。自己有过失，哪能有不知道的。要治理水患，就要修堤筑坝；要修养心性，就要符合儒家的道德规范，就要按儒家道德规范去做。

刘少奇是我们党和国家杰出的领导人，他写的《论共产党员的修养》一书，用共产主义理想、道德教育了整整一代人。同时，他也用这样的原则，教育自己的子女。1955 年 5 月 6 日，刘少奇给正在莫斯科学习航空专业的儿子刘允若写了一封信。当时刘允若对所学专业不感兴趣，加上与同学关系不融洽，闹着要转学。刘少奇知道后，对儿子进行严肃的批评和中肯的规劝："你必须学会虚心听取同志们的批评。你必须了解同志们对你最重要的帮助，就是当面指出你的错误和缺点。拒绝同志们的批评，就是拒绝同志们的帮助，就不能做一个合格的共产党员……你应该下决心成为这样一种人：决心改造自己，加强这方面的锻炼，经常注意个人与集体的关系，一有错误立即改正。否则，你将不会成为一个真正对人民有用的人……最后，希望接受我的意见，真正改正错误，与同学们搞好关系，长期坚持地学下去，经常注意克服个人主义思想，培养自己成为对国家有用的人。希望你这样做，而且必须这样做，不要辜负祖国和我们对你的期望！"

这封信，施教措辞严厉而又婉转，讲理而又动情，对儿子温和爱护而不放纵。做家长的，要站在理性的立场看待子女的过失，不要迁就，更不要纵容，而要态度明朗地及时予以批评和教育，及时帮助子女改正各种缺点和错误。

要想让孩子养成严于律己的习惯，在日常生活中，父母应做到以下两个方面：

第一，遵守生活规则。

父母应教育孩子用完东西放回原处；玩完玩具要收拾好；做完作业要把书籍放整齐；等等，这会使家庭环境整洁舒适，生活有条理。而立下的规矩，全家人都要尽力遵守。此外，如果进别人的房间要先敲门；借用别人的东西要打招呼；别人为你做了事要道谢；不经允许不拆阅他人的信件；不乱翻他人的抽屉；无意中打搅了别人要说"对不起"；等等。这些既是家庭里人人应当遵守的规矩，也是文明人的行为规范。

第二，从小培养自律的行为。

如果从小不加管束，孩子养成懒散无羁的习性，长大要改则会非常困难。所以说提高综合素质必须从幼儿开始，从自律着眼，从小处着手，这样孩子长大后才能养成文明礼貌、尊重别人的好品质。

让孩子学会当"配角"

  曾国藩一生官运亨达，曾经因为一年连升十级而声名大振。在别人的羡慕与赞美声中，他却一直能够保持清醒的头脑，可见其个人修养非同一般。但是，曾国藩也不是一开始就能够把握好其中的火候的，他年轻的时候，也跟很多人一样，总是锋芒毕露，喜欢在别人面前卖弄自己，而之所以会有如此大的转变，跟他父亲的教导是分不开的。

  曾父经常对他说，年轻人喜欢突显自己，让别人意识到自己的存在，这倒无可厚非。可是，追求个性不等于狂妄自大，表现自己也不等于锋芒毕露。在与别人相处的时候，不能总是让自己当主角，别人都成了你的听众和看客，也要适当地听取别人的意见，给别人留一些回转的余地。

  有一次，曾国藩的好友窦兰全到他家拜访。热情好客的曾父拿出了自己平时舍不得喝的上好茶叶，给窦兰全沏了一壶茶，寒暄了几句，就走了出来，让曾国藩与朋友尽情地畅聊。曾父知道窦兰全在程朱理学上有着深厚的研究，而儿子也对程朱理学非常感兴趣，就想在屋外听一听他们在聊什么。

  一个人谈话的风格最能表现他当时的心态。窦兰全是一个非常谦虚谨慎的人，所以在交谈时总是留有余地。而曾国藩不是这样，他自认对程朱理学有所研究，又是理学大师唐鉴的高徒，所以说起话来滔滔不绝，每有争议之处，他都表现得十分强势，丝毫没有让步的余地。忘情处，他甚至会说出一些不敬的话来。可是窦兰全丝毫没有打断他的话，一直听到最后。

  窦兰全走后，曾国藩与人争论的兴致减了下来，父亲走进来，对他说："你太爱表现自己了，才会在朋友面前表现得不谦虚，狂妄自大。窦兰全是在程朱理学方面有很深造诣的人，可是你只顾着滔滔不绝地阐述自己的看法，却不知道说的时候已经暴露出了很多不对的地方，你非但没认识到自己的错误，还自以为是，以为什么都懂，自己说的什么都是对的。"其实，这已经不是父亲第一次点出他爱表现自己的缺点了，每次与人谈论到自己感兴趣的话题时，他总是滔滔不绝，即使有很多人在场，他也会打断别人的话，将自己的观点强加给别人，让别人都成为他的听众。因为这样的举动，父亲已经批评他很多次了，但是每次反省之后，下一次遇到同样的事情，他的老毛病就又犯了。

为此，父亲让他把自己的缺点写在日记里，每天都要提醒自己，克制自己。在父亲的帮助下，曾国藩改掉了过度表现自己的毛病，在与人交谈时，很多时候他都是在很平和地倾听，而不发表自己的意见，甘愿遮住自己的锋芒而给别人当"配角"。

饮酒有节制的人

齐景公酷爱饮酒，经常会接连喝上七天七夜不能停止，不但耽误国政也弄坏了身体。有些大臣想去劝谏但又害怕惹怒了主公。这时有一位叫弦章的大臣冒死上谏说："君王已经连喝七天七夜了，请您一定要把国家的政事放在首位，赶快戒酒；如果您不想戒酒，就请先将我赐死。"齐景公知道弦章是个忠臣，不能杀，但是自己又一时不想放弃饮酒，就只得把弦章打发走了。

不多时，另一位著名的大臣晏婴来觐见齐景公，齐景公向他诉苦说："弦章劝我戒酒，如果我还饮酒的话，那就要赐死他；我如果听他的话，以后恐怕就找不到喝酒的乐趣了；不听的话，他又不想活，但我不能杀掉这样的贤臣啊，这可要我怎么办才好呢？"晏婴早就想来劝谏齐景公的，听到这里赶忙说："弦章遇到您这样宽厚贤明的国君，真是幸运啊！如果遇到夏桀、殷纣王，不是早就没命了吗？"齐景公闻听此言，明白了两位大臣的劝谏，果然戒酒了。

到了三国时期，曹魏的重臣王朗曾经留下《诫子书》，要求子侄们在平时生活中少饮酒，如果遇到宴饮的情况，不但自己要喝酒适量，也不许多劝他人喝酒，如果被劝得紧了，就要离席向劝酒的人讲明，家规禁止多饮酒，并且要在不破坏人际关系的前提下尽量劝阻他人过度地劝酒。

到了东晋，著名的陶侃也是一个饮酒有节制的人。陶侃是庐江浔阳人。他最初做县吏，逐渐升至郡守，历任荆州刺史、广州刺史、征西大将军等要职，后任荆、江二州刺史，都督八州诸军事。

有一次，陶侃在武昌宴请殷浩、庾翼等几个名士。席间，吟诗作赋，讲谈学问，好不高兴。大家喝过两杯酒之后，殷浩举杯说道："将军，您最近平定了郭默的叛乱，立下了大功，请让我敬您一杯！"陶侃想了一想，痛快地说："谢谢，喝！"说着，便端起酒杯，将杯中之酒一饮而尽。接着，庾翼也举起杯来，说道："将军，若论战功，您上次平定苏峻的叛乱，功劳更大，请让我也敬您一杯！"想当初，苏峻叛乱，挟持皇帝，是陶侃指挥六万大军，从武昌城浩浩荡荡沿江而下，包围了石头城，擒杀了苏峻，解救了晋成帝。按理来说，这杯就更应该喝。然而，陶侃却抱拳作揖，诚恳地说："先生，对不起，我今天饮酒已经足量了，不能再饮了！"见此情景，庾翼不悦，殷浩便附和着说："将军，今天大家高兴，您应该开怀畅饮！我看得出您有海量！"想不到这时陶侃却泪流满面，哽咽着说："实在对不起！不瞒二位先生，家母生前曾给我规定：每次饮酒，三杯为限。今天杯数已足，我不能违背先母的禁约！"

培养孩子的社会责任感

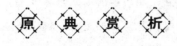
原 典 赏 析

【原文】

保天下者，匹夫之贱，与有责焉耳矣。

——《日知录·正始》

【译文】

保天下，即使是地位低贱的普通百姓都有责任。

言 传 身 教

学会做人是父母教育孩子的主要任务，但在对孩子的教育中，人生责任教育注注是被许多父母所忽略的，致使一些家长在培养孩子时有了错误的导向，造成了相当一部分青年思想上存在错误的认识：心中只有自我，没有他人。

如一次对青少年的问卷调查中得出："当在拥挤的公共汽车上见到老人上车时"，急于让座的人占31.2%，想让座又不好意思的占57.3%，11.6%的学生见到老人上车后态度是视而不见或指望别人让座。当问及对"关心他人，尊老爱幼，见义勇为"等口号的看法时，只有48.5%的学生认为这是"值得提倡的社会公德，我也要这样做"，45%的学生表示怀疑，还有4.5%的学生认为"这只是一个不现实的口号，遇事还是替自己想想"。

相当一部分独生子女，只能接受别人对自己的关心，而不懂得关心别人。在家中对自己的亲人不懂得体贴关心，上学后对同学、班集体、学校内发生的一些事情，常以一种冷漠的态度对待。在公共场合，部分青少年学生不遵守交通规则、随地吐痰、乱扔果皮杂物、损坏公物等行为比比皆是。

上述部分青年身上存在的问题既是道德问题，也是对社会的责任问题。孩子的思想状况反映了人生责任的缺失，它直接关系到中华民族的整体素质，关系到国家前途和民族命运。所以父母在对孩子的家庭教育中应该提到国家前途和民族命运，不要只顾眼前利益。家长的教育理念，主宰着家庭教育的各个方面，是决定家庭教育质量的关键。

父母培养出来的孩子终究是要走向社会的，父母应把孩子作为一个准社会人来培养，而不应只为了局部的、功利的、肤浅的目的，而忽视了青少年的全面、健康、长远的发展。家长要掌握和运用科学的家庭教育方法。方法得当，就会事半功倍；反之，就会事倍功半，甚至劳而无功。科学的家庭教育方法必须遵循青年人身心发展规律，要根据青年人成长的不同阶段的不同特点，把传授知识同陶冶情操、养成良好的行为习惯结合起来；把个人成才同国家前途、社会需要结合起来。

父母该如何培养孩子的社会责任感呢？

第一，让孩子认识到什么是责任心。

孩子对责任心的认识始于幼年时期。父母应该帮助孩子形成正确的责任心观，比如帮助孩子获得完成活动后的成就感。孩子如果能够从家长那里听到更多的"让我们看看能做些什么"，而不是"没用，我们不能这么做"，将有助于孩子形成积极的工作价值观。

第二，让孩子接受一些责任心的训练。

随着孩子的成长，父母要让孩子接受更多的任务，承担更多的职责，让孩子自己进食、穿衣、满足自己的日常需要。这些活动能让孩子感受到一种依靠自己力量的满足感，有助于孩子成长为一个独立、有责任心的人。孩子接受的任务中可以包括部分日常生活的安排，家长需要根据具体情况，了解子女可以单独完成或者在他人帮助下能完成的活动，以安排子女的生活学习。只要孩子能做到，就鼓励他们去完成，比如自己起床、穿衣、按时上学、放学回家后通知父母等活动。

第三，让孩子承担一些家务。

做家务也是一种培养并展示孩子责任心和工作价值观的途径。理想的方式是父母亲自为孩子演示需要做的事情以及如何达到目标，然后允许孩子用自己的方式去完成。同时，还应该给予孩子选择的权利，因为孩子能从自己选择的任务中获得更多的乐趣。当他们发现并相信自己的工作对整个家庭十分重要时，他们会从任务中获得更多的满足感和工作的价值感。

第四，任务设置难度要适当。

一些父母会为子女设定过高的标准，使孩子难以得到满意的结果。这样会让孩子觉得自己是个失败者。在这样的情况下，父母必须试着降低标准或者安排子女做更好的任务，使得孩子能够勇于为这项任务负责，并在圆满完成任务后感到满意。

第五，提高孩子的自我担当意识。

还有一种极端情况是孩子会因为追求完美而困惑。他们不停地追求却总是得不到满意的结果。他们极力想得到赞同，并坚信只有获得成功才是得到赞同的唯一方式。因此，他们不停地进取，却感受不到丝毫满足。对这类孩子，父母应该指导他们通过不同的方式赢得赞同，让他们知道，生活难免有不完美的地方，要允许不完美的存在，帮助他们发现更多的乐趣。面对这样的孩子时，更要赏识他们所付出的努力和取得的成就。这有助于孩子建立自信心，为承担更大的责任做好准备。

第六，让孩子做一些义务工作。

义务工作可以帮助孩子培养责任心。有很多孩子在班级或者学校中担当

第二章 自立自强：激发引导进取之心

了义务工作者的角色，为班级和学校做很多有意义的事情，他们为之自豪并能有所收获。孩子还可以参加长期或者临时的团体，在公园、博物馆、养老院等地方开展义务劳动。他们可以为游客提供服务、陪伴老人、递送邮件等。

家长要为孩子选择有趣并且有意义的事情作为义务工作的内容。在和谐社会里，任何年龄的人都有权在合法合理的范围内满足自己的需要、解决问题。我们应该鼓励孩子了解自己的权利，能够识别自己行动的动机，在行动中获得有意义的体验。孩子能从义务工作中收获很多。比如在敬老院陪伴老人的时候，他们可以学习如何尊敬老人，还能从中得到认可，从而感受到快乐以及责任感。孩子还能通过义务工作学习到许多帮助他人的技能，认识到在人际交往中的付出和收获带给自我的意义，有助于形成亲近社会的动机和行为。进入青年时期后，他们仍然可以运用在义务工作中获得的知识和技能来更好地工作。

责任心有助于他们职业生涯的发展，主动、独立、合作和完成任务都会成为职业生涯中的优势。用人单位更倾向于给有义务工作经验的年轻人更多的机会去承担更大的责任。

家 风 故 事

袁隆平的责任心

袁隆平，平头小脸，甚至有些土里土气，但你想不到他会成为中国"杂交水稻之父"。而正是这个显得有些平凡和土气的老头，通过自己不懈的努力，在古老的土地上取得了令人惊叹的成绩。在我国，有一半的稻田里播种着他培育的杂交水稻，每年收获的稻谷 60% 源于他培育的杂交水稻种子。

"知识+汗水+机遇+灵感=成功"可以说是他一生最为经典的缩写。

为了培养杂交水稻，袁隆平奉献出了自己的一生，这其中包括知识、汗水、灵感、心血。这所有的一切都是为了实现那梦寐以求的杂交水稻的梦想。在研究的最初阶段，为了获得一株必需的水稻天然雄性不育株，他和新婚妻子一起，在 1964 年和 1965 年连续两年的酷暑季节顶着烈日，如大海捞针一般，寻觅在安江农校实习农场和附近生产队的稻田里，在前后共检查了4个常规水稻品种的 14000 多个稻穗后，功夫不负有心人，终于找到了 6 株雄性不育的植株。

身体的劳累还在其次，学术界权威的质疑与反对，使袁隆平承受着更大的舆论压力。当时学术界比较通行的是经典遗传学，这种观点认为水稻是自花授粉作物，经过长期的自然选择和人工选择，很多基因不良的因子已经被淘汰，能够保留下来的都是优良的因子，因此自交绝对不会退化，杂交也不会有任何的优势产生，继而断言搞杂交水稻根本就没有任何的前途。甚至说研究杂交水稻是"对遗传学的无知"。然而不管是科学道路上的挫折、失败，还是人为的干扰、破坏，这一切的一切都无法动摇袁隆平对梦想的执着，他坚信实践才是真正的权威，火热的生命加上知识的力量能够改变一切。

1966 年，经过两个春秋的艰苦试验，对水稻雄性不育材料有了较为丰富的认识后，袁隆平把获得的科学数据进行理性的分析整理，撰写出首篇重要论文《水稻的雄性不孕性》，在中国科学院出版的权威杂志《科学通讯》第 4 期发表。这篇论文的发表，标志着在国内开创了杂交水稻研究的先河。这不仅是一个普通意义上的水稻育种课题的启动，同时也开创了一个划时代的崭新的研究领域。在接下来的 30 年时间里，他在杂交水稻这个领域的研究始终保持着世界领先水平。他研究出来的成果一个接一个，他创造的杂交水稻神话一个接一个。从 1976—1999 年，我国累计推广种植杂交水稻 35 亿亩，增产稻谷 3500 亿公斤，相当于解决了 3500 万人口的吃饭问题，创造了我国以仅占世界 7% 的耕地，养活着占世界 22% 的人口的奇迹。

袁隆平将自己所学到的知识全部应用在了中国这片古老的土地上。圆了华夏民族几千年都在渴盼的梦想，谱写了一段震惊世界的神话。当国外有人发出"谁来养活 13 亿中国人"的疑问时，袁隆平用他的水稻杂交成果做了响亮回答：是科学！是中国科学家的聪明智慧和辛勤汗水！当我们再也不为吃喝而发愁时，当我们再也不担心我们的粮食危机时，我们不能不对袁隆平科学家说声："谢谢！"

065

第二章　自立自强：激发引导进取之心

让孩子学会自我反省

【原文】

曾子曰："吾日三省吾身——为人谋而不忠乎？与朋友交而不信乎？传不习乎？"

——《论语》

【译文】

曾子说："我每天多次反省自身——替人家办事有没有不忠诚，和朋友交往有没有不诚信，老师传授的知识有没有复习。"

言 传 身 教

世上万物，都有长处和短处，能否正确认识到自己的优势和缺点是一种很难得的自省能力，也就是我们通常所说的"自知之明"。只有客观清楚地了解自己的优缺点，我们才能从自身条件出发，决定去干什么、不去干什么，用理智的方法选择适合自己的人生目标和理想。颜之推说："人性有长短，岂责具美，于六涂哉？"一个人只要能在自己的职位上尽心尽责，也就问心无愧了。

对于孩子来说，因为认知能力的发育程度和人生经历的欠缺，还不能对自己进行准确的分析和精准的定位。在这个时候，作为和孩子接触最多也了解最深的监护人——父母就有责任帮助孩子更清楚地认识自己。

培养孩子的自知之明不是容易的事：一是他们年龄尚小，自我反省意识不强；二是孩子大都不愿意面对自己的缺点，而且不愿意告诉别人自己内心的真实想法；三是他们接受负面评价的能力较弱。因为面对他人的批评，孩子会觉得没有自尊心和自信心，或者觉得自己被误解，而不能客观冷静地分析批评的内容。

这时，就需要家长根据自我认识、自我反省具有内敛、不易觉察的特性，细心观察孩子的日常行为和习惯，通过他们对一些事物的态度和看法来检验孩子自我认识的程度。比如，孩子温习功课不认真，经过父母的提醒他已经意识到了自己的粗心，认错时态度也比较诚恳。

但是，这时他还远没有认识到不认真这个问题的严重性。心理学家认为，我们接受某个事物会经过依从、认同和内化三个阶段。承认错误仅是依从，态度诚恳达到了认同，而真正接受批评决心改正还需要一个内化的过程。这时，就需要父母继续监督他的实际行动，帮助他端正态度，循序渐进地克服缺点，改正错误。

要让孩子对自己形成正确的认识，家长一定要重视自家孩子的特点和秉性。每个孩子生来不同，成长环境也不一样，特点当然迥异。

我们怎么能公式化地把每个孩子的成长轨迹都套进一个公式里呢？别人认为好的，未必适合自家孩子。这就像买衣服一样，流行的款式却不一定是适合自己的。因此，作为家长首先要了解自己的孩子，千万不能按照自己的意愿或是"跟风"给孩子规划各种人生发展的方向。

家 风 故 事

周处自省除三害

历史上名人自我反省，用于改正错误，最终功成名就的事例屡见不鲜。在失败与挫折面前，不气馁，不把责任推给他人，勇于承担责任，自我反省的人，很多都能够成就一番事业。

周处就是一个懂得自我反省、勇于改过的著名人士。周处是东吴吴郡阳羡（今江苏宜兴）人，鄱阳太守周鲂的儿子。年轻时，周处为人蛮横强悍，任侠使气，周围人时常无故遭受他的欺压，非常害怕他，也痛恨他，都称他是当地一大祸害。义兴的河中有一条蛟龙，经常翻云覆雨，制造洪水。洪水一旦泛滥开来，当地百姓民不聊生；遇到有船只从河上经过，蛟龙还会袭击商旅，以吃人为乐。山上有只吊睛白额虎，时常在山冈上咆哮，霎时间狂风大作，严重的时候致使房倒屋塌，人民苦不堪言。更有甚者，有行路人从山下经过，吊睛白额虎还会吞食旅客。周处和这两个畜生一起祸害百姓，宜兴的百姓称他们是三大祸害，三害当中周处最为厉害。

有人劝说周处去杀死吊睛白额虎和蛟龙，实际上是希望三个祸害相互拼杀后只剩下一个。周处立即上了山冈，与吊睛白额虎相遇。两强相争必有一伤，酣战起来真是风云为之变色。那吊睛白额虎发起咆哮，翻身扑过来。周处猛然一跳，退了十步远。那吊睛白额虎却把两只前爪搭在周处面前，想要纵身再扑。周处就势用两只手把吊睛白额虎顶花皮揪住，用足全身气力，将虎头按向地面。那只吊睛白额虎急要挣扎，早就使不上气力。周处死死地按住，并一丝一毫也不给吊睛白额虎留机会。周处抬脚就往吊睛白额虎面门上、眼睛里只顾乱踢。那吊睛白额虎咆哮起来，声震百里，在身底下扒起两堆黄泥，刨了一个土坑。周处把那吊睛白额虎嘴直按进黄泥坑中去。那吊睛白额虎被周处压住奈何不得，终究没了气力。周处用左手紧紧地揪住顶花皮，空出右手来，提起铁锤般大拳头，尽平生之力，打了三五十拳，那吊睛白额虎眼里、口里、鼻子里、耳朵里，都流出鲜血来。

刚击杀了猛虎，周处没有停息，又下河去同蛟龙搏斗。蛟龙在水里有时浮起有时沉没，漂游了几十里远，周处始终同蛟龙一起搏斗。孽畜兽性大发猛向周处扑去。他逃闪一旁免受伤害，举刀对蛟龙头部劈去。蛟龙逃避不及刀到头落，周处斩了蛟龙。经过了三天三夜，周处也没有上岸，当地的百姓们都认为周处已经死了，轮流着对此表示庆贺。

结果周处从水中出来了。回到乡里，他听说乡里人以为自己已经死了，并且对此大加庆贺的事情，才知道大家实际上也把自己当作一大祸害。于是有了悔改的心意。

于是，他便到吴郡去找陆机和陆云两位名人。见到了陆云，他就把全部情况告诉了陆云，并说："我想要改正错误，可是岁月已经荒废了，怕终究没有什么成就。"陆云说："古人珍视道义，认为'哪怕是早晨明白了道理，晚上就死去也甘心'，况且你的前途还是很有希望的。再说人就怕立不下志向，只要能立志，又何必担忧好名声不能传扬呢？"周处听后改过自新，终于成为一代名臣。

让孩子能"拾金不昧"

【原文】

拾金而还，暂犹可勉。

——《客窗两话·义丐》

【译文】

捡到钱归还，短时期内还可以勉励自己不起贪心。

言传身教

"拾金不昧"一直是我国古代最为倡导的传统文化精神。但是，到了现代，由于市场经济的负面影响，拜金主义思想在一些人身上体现得淋漓尽致，以至于有很多人认为，金钱是万能的，金钱是最重要的东西。他们变得越来越注重"现实"，所以见利忘义、拾金而昧，然而这些行为一直为人们所不齿。有些人虽然有"拾金不昧"的心，却因为人与人之间的"信任危机"，害怕在归还物品时，好人没做成，反倒被人诬赖……如果家长把自己的这些思想传递给孩子，孩子再继续传递下去，那么我们的社会将会变得越来越冷漠无情，人与人之间将不会再有温暖可言。所以，我们应该向胡雪岩的母亲学习，从小就教育孩子要拾金不昧。

首先，我们应该从小就告诉孩子，别人的钱财与物品是别人通过劳动得来的，拿别人的东西就是不劳而获，极不光彩，让孩子懂得拾金不昧的道理。

其次，要让孩子知道，"拾金不昧"是诚实的举动、善意的行为。善良的品性能够赢得真诚的尊重和永久的财富。人不能靠欺骗来生活，不能欺骗别人，更不能欺骗自己的良心。一个享受不义之财而仍能心安理得的人，不会享受到真正的人生幸福和快乐，总有一天会受到命运的责难。而善良的举动不仅会带给他人内心的感动和震撼，还会使每个人都能为他人着想，那么我们的社会将会变得更加温暖，而不会再有那么多的猜疑。

最后，孩子有了"拾金不昧"的行为，可以表扬和鼓励，但是不要有物质上的奖励。因为这会让孩子觉得这种行为是一种交易，从而违背了做好事的初衷。孩子会单纯为了得到某些好处而千方百计地去找"好事"做，找不到时，甚至会把家里的钱拿去交给老师说是路上拾的。这种现象在入学前的孩子身上最易发生，要注意防止。

家 风 故 事

母亲教胡雪岩拾金不昧

胡雪岩是清朝末期的巨商。他得到了慈禧太后钦赐的黄马褂后，被誉为"红顶商人"，他的母亲也得到了巨额的赏赐。一时间，关于胡雪岩的事迹传遍了大江南北。

对于这位传奇人物，有人说他出生于一个官宦世家，饱读诗书；甚至有人传言胡雪岩是含着金钥匙出生的。这些不过是人们对敬仰之人的一种赞颂，胡雪岩的生平远没有他们说的那般幸运，相反，他还吃了很多苦。

胡雪岩刚出生的时候，父亲胡鹿泉在杭州做一个小官吏。虽然职位不算高，但是家里的生活条件还不错。可是后来，母亲一连生下了三个弟弟，父亲也殉职了，一家人的生活便陷入了水深火热之中。但是，尽管生活艰辛，母亲从来没有放弃过对胡雪岩的教诲。她希望儿子能够做一个正直、善良的人，所以经常会讲故事给他听，教他做人的道理。

有一次，母亲给他讲了一个"拾金不昧"的故事，并且告诉他："捡到别人的东西，一定要想办法还给人家。""如果捡到的东西刚好是我们需要的呢？"胡雪岩问。"那也要归还给人家，别人也许会有更重要的用处。不是自己的东西，就不能占为己有。"母亲说。胡雪岩点了点头，记住了母亲的教诲。

不久之后，他在放牛的时候，捡到了一个包裹。打开一看，里面全是金银财宝。

"该怎么办呢?"他想。在穷苦人家长大的胡雪岩,也许长那么大都没见过那么多钱。

这时,他想起了母亲的教诲,决定把钱还给失主。可是茫茫草地,连个人影都没有,这钱应该交给谁呢?思来想去,他觉得如果有人丢了这么大一笔钱,一定会回来找的,所以他干脆就在原地等。等了若干个时辰,失主才慌慌张张地找回来。那个失主姓张,是做生意的人。他被胡雪岩拾金不昧的高尚情操打动了,又见胡雪岩聪明伶俐,就有心收他为徒。跟家里打好招呼后,胡雪岩就跟随那位张失主离开了家乡,从此当上了学徒。

若干年后,胡雪岩成了享誉四方的"红顶商人",跟那一天的经历是分不开的。倘若他没有拾金不昧,将钱财交还失主,就不会等来拜师的机会,也不会有机会离开自己的家乡,去外面的世界闯荡。可见,拾金不昧的行为不仅使人受益,自己也会受益。

第二章 自立自强:激发引导进取之心

第三章

以德育人：修身养德立根本

道德人格，即作为具体个人人格的道德性标准，是个体特定的道德认识、道德情感、道德意志、道德信念和道德习惯的有机结合。德育就是培养孩子的道德人格、诚信品质等，为孩子能顺利地走向社会、融入社会，能够在社会中展现自己的才能和才华，得到社会的认可，实现自己的理想打下良好的基础。

让"诚实"跟随孩子

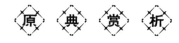

【原文】

正心而诚意者，将以有为也。

——韩愈《原道》

【译文】

正真诚信的人，才可能有大的作为。

言 传 身 教

诚信是中华民族的传统美德。"仁义礼智信"中的"信"就是指"诚信"。

当今社会，经济飞速发展，城市里高楼林立，马路上车水马龙，快节奏的现代生活使人与人的交往淡化了许多，但诚信之本不能丢。"士无信不立"，诚信既是做人的根本，又是立足社会的基础，孩子成长的过程也是学习做人的过程。可以说，诚信是孩子成长过程中不可或缺的"必修课"。

孟子把"诚"看作发扬人的先天善性后所达到的一种最高境界。荀子也把"诚"当作修养的重要方法和内容。他说"养心莫善于诚"，意思是说，培养自己的心，最重要的是要培养诚挚的品德。一个人诚实，优于黄金，重于珍宝。因为人诚实，一般不易发生大的差错；诚实就会言行一致，表里如一，真挚纯正，就会得到别人的信服。同样，如果一个人一向说话办事可信可靠，即使偶然一两次说错话办错事，别人也会谅解；如果一个人言行不一致，一向不诚实，常用自己的行动"毁自己的诺言"，或喜欢捏造事实，有时说了些真话，也会被认作谎言。

"食言"不但害人，而且害己，也是不够自尊、自爱、自重的表现，自己降低了自己的价值。诚信乃做人之本，在这个问题上最能鉴别一个人的灵魂。可以毫不夸张地说，世界上唯有诚信，才能发出耀眼的青春之光，结出甜美的人生之果。对于孩子撒谎，究竟该怎么办呢？

孩子说假话的原因有许多，除了害怕受到惩罚外，最主要的原因就是：效仿成年人。换句话说，就是"有撒谎的父母，就会有撒谎的孩子"。要想帮助孩子改掉撒谎的缺点，父母必须以身作则，自己首先不撒谎。除此之外，还应该掌握以下技巧：

第一，如果发现孩子撒谎，首先要弄明白孩子隐瞒真相的原因，是怕你生气、怕你不爱他或者只是怕受惩罚，这是相当重要的。

第二，作为父母，应该考虑一下，当孩子犯了错，他除了撒谎，是否就没有其他逃脱或减轻受惩罚的方法呢？

第三，当他对很多事情不断撒谎，或者超出常理地坚持某个特定谎言时，要提醒孩子谎言是经不起时间考验的，可以这样说："如果真相大白，你想你会怎么样？"

第四，如果孩子撒谎后又告诉你实情，一定要记住称赞他，但也不要忘记惩罚。可以说："很高兴你告诉了我，相信你是可以信任的。如果不说实话，我会罚你两天不准看电视。但现在，你只需要为那个错误承担小部分责任，我把惩罚减少一天。"

第五，处理孩子的说谎，千万不可把孩子的撒谎视为背叛。听着孩子捏造的故事，会让人感到特别痛苦，觉得孩子好像是在愚弄自己。孩子的目的只是要保护自己。作为父母一定要沉住气，不妨这样来问孩子："如果我也像你那样说谎话，你会有什么感觉？"

第六，身为父母，如果丝毫不能接受孩子的坏消息，或者听到来自孩子的坏消息，有着令人恐惧的心理反应，那么是你自己给孩子奠定了撒谎的基础。说谎并不是悲剧，不过这种行为表示孩子有所隐瞒。他不是害怕他的所作所为，就是害怕你。无论孩子说谎属于哪种情况，只要让孩子体会到你能够恰当地处理不当行为，并且考虑他的需要，那么说谎的情形就能得到很大改善。

第三章 以德育人：修身养德立根本

诚实的晏殊

北宋时期著名的文学家和政治家晏殊，14岁时被地方官以"神童"之名推荐给朝廷。他本来可以不参加科举考试便能得到官职，但他没有这样做，而是毅然参加了考试。事情十分凑巧，那次的考试题目是他曾经做过的，并得到过好几位名师的指点。如果这样做，他可以丝毫不费力气就从千多名考生中脱颖而出，并得到皇帝的赞赏。但晏殊并没有因此而扬扬自得，相反他在接受皇帝的复试时，把情况如实地告诉了皇帝，并要求另出题目，当堂考他。皇帝与大臣们商议后出了一道难度更大的题目，让晏殊当堂作文。结果，他的文章又得到了皇帝的夸奖。

所以说，晏殊不愧为诚实守信的真君子。

让"仁善"滋养孩子

【原文】

人谓做好人难，余谓极易，不做不好人，便是好人。

——《药言》

【译文】

人们都说做好人很难，我却认为做好人很容易，只要不做坏人，那便是好人。

言 传 身 教

孟子说"仁者无敌"，并不是指仁者体格健壮、孔武有力，也不是指言辞犀利、咄咄逼人。仁者的强大，源自内心的仁爱和厚重。君子的力量始自人格与内心，他的内心完满、富足，先完成了自我修养，而后表现出来一种从容不迫的温和风度，常常能够影响或改变他人。有一则寓言故事也很好地说明了温和友善的影响力。

寒风和太阳打赌，看谁能让一个人最先脱掉身上的衣服。寒风鼓足了所有的力气，带着彻骨的寒冷和猛烈的凉风吹向那人，但是尽管被吹得摇晃不止，那个人还是拼命地紧紧拽住衣服。最终，寒风累得筋疲力尽也未能如愿。而轮到太阳时，它只是笑呵呵地散发着光和热，不一会儿那个人就热得脱下了衣服。太阳对风说："温和与友善总是要比愤怒和暴力更强而有力。"

从故事中我们读懂了温和的力量。一个灿烂的微笑、一个赏识的眼神、一句热情的话语，都能化解矛盾双方的隔阂，让彼此敞开胸襟，融化彼此间的坚冰。

善良的种子，在孩子幼小的时候就应该种进他的心中。父母要从每天的细节中培养孩子善良的品质，因为善良的心是最宝贵的，博爱、同情与宽容都是建立在它的上面。要培养孩子的仁善之心，父母要做到以下几点：

第一，父母要为孩子提供一个充满善意的成长环境。

家庭是孩子成长的第一个环境，父母是孩子的第一任老师。父母有什么样的品质，做出了什么样的行为，孩子往往也会成为那样的人。所以，父母要想培养出一个善良的孩子，就要给孩子提供一个充满善意的环境。如果父母总是关心弱者，乐于帮助别人，孩子自然就会产生善良的品质和关爱他人的行为。

第二，允许孩子表达对弱者的同情。

孩子的天性是善良的，当看到路边有小朋友哭，他可能也会跟着一起红了眼眶。也许你在生活里会看到这样的情形：孩子看到了奄奄一息的小猫，会非常难过。他可能会默默地流下眼泪，这时候家长应该允许他这么做。因为只有家长允许孩子表达对别人的同情和对弱者的关爱时候，孩子才敢于把这种善良的情感一直延续下去。

也许有的家长会说，孩子从小就这么多愁善感，将来会不会容易受伤或者变得很脆弱？这其实完全不用担心。每个人的内在都有"自我防卫"和"自我疗伤"的本能机制，随着年龄的增长，孩子接触事物的范围越来越广，知识越来越丰富，他们的这种本能机制会变得越来越成熟。就好像四五岁的孩子，通常都只能用哭来表达自己的同情，而十四五岁的孩子，就能够通过一些具体的行动来表达自己善意的情绪一样，我们无须急着把孩子包裹起来，不让他们表达心中的情感，应该教会他们利用善良的能量，丰富自己的内心，从而使自己变得更加强大。

第三，让孩子学会站在别人的角度去考虑问题。

孩子只有学会站在别人的立场和角度去考虑问题，才能理解别人的想法和行为，少一分利己，多一分为人。只有孩子能够对别人的痛苦感同身受，才能做出善意的举动，同情和关爱他人。对那些喜欢欺负别人、处处想要跟人作对、让别人难堪的孩子，父母应该教育他们学会设身处地地考虑问题，才能有效地制止他们的不良行为，给别人多一些善意和理解。

家 风 故 事

"仁"教成就孙思邈

在孙思邈5岁的时候，得了"顿咳"病。一咳嗽起来，一声接着一声，面红耳赤，青筋暴露，还会带有大量的浓痰。体质强一点儿的孩子，咳过之后能够照常玩耍，可是从小就体弱多病的孙思邈得了这种病，简直是一种折磨。为了治好他的病，父亲带着他走访了很多名医。

有一次，父亲背着他到离家十里以外的宝鉴山去看病。那里的大夫在附近非常有名，周围的人都会过来找他看病，再加上远方慕名而来的人，大夫的药房外几乎排满了人。孙思邈和父亲来得比较晚，排在了最后。由于要等很长时间，饱受病痛折磨的孙思邈就显得有些不耐烦。这时候，从药房里面突然传出了一阵吵闹的声音。孙思邈一听，有热闹看了，赶紧跑了进去。

药房里除了大夫和负责抓药的伙计，还有一位年迈的老人。老人得了重病，眼看就要死了，可是因为家里很穷，拿不出医药费。他想让大夫先给他看病，等以后有了钱，再给送过来。大夫不肯，他是一个不见钱不给人瞧病的人，不管老人怎么求他，他都不为所动。看到了这一幕，孙思邈气不打一处来。他找来了父亲，希望父亲能够帮那位老人想想办法。可是，由于经常要给孙思邈看病，家里的积蓄已经所剩无几，父亲也帮不了这位老人。

孙思邈得知这种情况以后，流下了难过的眼泪。他对父亲说："大夫的本职不就是治病救人吗？为什么他明知道老人快要死了，却不肯帮助他？周围有那么多的人，为什么没有一个人肯对老人伸出援手？"父亲说："每天来找大夫的人很多，他见过了太多的生死，所以心已经麻木了。周围的那些人，也许自身都难保，过了今天，连下一次看病的钱都不一定能凑齐，还怎么帮助别人呢？今天，你见识到了穷苦人的难处，以后如果你有了能力，一定要同情弱小，为了帮助那些穷苦人尽微薄之力。"孙思邈非常郑重地点了点头。从那一刻开始，他幼小的心灵深处就产生了一个想当大夫的愿望——以后帮助更多的人治好病，获得健康。

　　十几年以后，孙思邈终于成了当地有名的大夫。他一直记得当年父亲的教诲，心系穷苦人，所以把诊费定得很低。有时候病人来看病，拿不出诊费，他就免费帮人问诊，没钱买药，他就尽自己的力量，对一些病情很严重的病人免费赠送药物。后来，人们把孙思邈称之为"医神"，不仅因为他医术高明，更因为他的医德高尚，做人无私。而他之所以具备这样的品质，与父亲的教导是分不开的。父亲因势利导，教育孙思邈要发挥善良的品质，同情和关爱弱者，而父亲的教诲也深深地影响了孙思邈，使他一生都走在充满善意的道路上。可见父母对孩子的影响是非常深远的。

让"孝顺"留住孩子

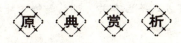

【原文】

　　事父母几谏。见志不从，又敬不违，劳而不怨。

——《论语·里仁篇》

【译文】

侍奉父母，要和颜悦色，委婉地规劝他们的过失。他们内心不愿听从，仍能尊敬和不冒犯他们，受劳累而不怨恨他们。

言传身教

我们能孝敬父母、孝养父母的时间一日一日地递减。如果不能及时行孝，会徒留终身的遗憾。孝养要及时，不要等到追悔莫及的时候，才思亲、痛亲之不在。然而，今天有的孩子缺乏尊重父母、尊重长辈的美德，他们以自我为中心，自私自利。想想看，一个连父母都不尊重的孩子，他怎么能算是一个好孩子？他怎么能算是一个好学生？长大后，他怎么能尊重老人、赡养老人？怎么能担负起家庭和社会的重任？"生时尽力、死后思念"，子路为我们做出了最好的榜样。

凡获得成就之人，无不具有孝顺的美德，因为孝顺是一个人的爱心最基本的体现。倘若他连生养自己的父母都不能孝敬，都不能给予爱心的话，更何谈去爱别人，爱大众，爱社会呢？

孝，是现代社会要大力倡导的一种做人的美德。它可以分为家庭内的孝和家庭外的孝。家庭内的孝，指的是赡养父母，照顾父母的身体，关心父母的感情，让父母颐养天年；家庭外的孝，指的是要尊敬社会上所有年长之人。然而现实生活中的情况是，很多家庭中的独生子女在家人的溺爱和呵护下无忧无虑地成长，他们觉得父母的付出都是应该的，从未有过要报答父母的想法和意识。吃饭的时候，孩子不会考虑父母每天做这么些饭菜是多么辛苦，而是对饭菜挑三拣四。每当自己想要吃麦当劳、肯德基而被家长拒绝的时候，孩子往往还会闹绝食。家长又要费尽心思，想尽各种办法，哄孩子开心，道歉赔不是。这样下去，孩子就会越来越妄自尊大。孩子的本性是好的，出现这种情况，大部分和家长的教育方式不当有关，那么怎样才能培养一个有孝心、懂得尊敬父母和长辈的孩子呢？

第一，言传身教，以身作则。

还记得几年前电视上曾经播放过这样一则公益广告：一位年轻的妈妈下班之后做完家务，不顾劳累，又端盆水为老母亲洗脚。老人对她说："孩子，歇会儿吧！别累坏了身子。"她笑笑说："妈，不累。"这一幕被她那只有三四岁的儿子看在了眼里，儿子转身出去，年轻的妈妈一看，儿子摇摇晃晃地端着一盆水正向自己走来。盆里的水溅了出来，溅了孩子一身，可孩子仍是一脸的灿烂。孩子把水放在母亲的脚下，对母亲说："妈妈，洗脚。"广告又适时地打出一句话："父母，孩子最好的老师。"是啊，父母是和孩子接触最多的人，父母的一举一动都会对孩子幼小的心灵产生莫大的影响。因此，父母若想培养孩子的孝心，就要先给孩子树立良好的榜样，做孝敬长辈的表率。

第二，父母要让孩子从生活中的小事做起。

家长想要培养出一个有孝心的孩子，就要注意让孩子从日常生活中的点滴做起。比如平时教育孩子帮父母分担家务，父母若有不适，教孩子安慰父母，递药端水。孩子唯有通过亲身体验，才能体会到照顾他人的辛苦和快乐，才能懂得父母对自己付出的爱是多么的无私和伟大。

第三，给孩子讲一些关于孝道的故事。

孩子天生喜欢听故事，家长可以利用孩子爱听故事的天性，找一些关于孝道的故事讲给孩子听，并为孩子解读其中的孝道精神。让孩子知道，孝敬父母是传承千年的美德。这些故事能够熏陶孩子的心灵，让孩子逐渐养成孝敬父母的意识。

第四，要让孩子了解父母的辛苦。

很多孩子不知道父母每天都在忙什么，不知道他们吃的、穿的、用的东西是从哪里来的，反而觉得父母让他们吃好、穿好、用好是天经地义的，这自然很难让孩子从心底孝敬父母。父母可以让孩子了解自己的辛苦，从而让孩子懂得心疼父母。在古代，孩子对父母的养育之恩，在适当的时候要以跪拜之礼来感激。可以说，这种做法是丝毫不为过的。只是时至今日，这种感恩的行为已经越来越淡化了。

第五，给孩子孝敬父母的机会。

在一次访谈节目中，嫣然天使基金会的发起人李亚鹏谈到，家里要恢复春节晚辈向长辈叩头的习俗，认为如今晚辈对长辈的拜年仅仅体现在赠送礼品和嘘寒问暖上。孩子从小就觉得长辈只是在逢年过节时才需要问声好的长者，并没有从内心真正认可和接纳长辈对他们的恩重如山，所以要用最高的礼节"叩头"让孩子们感受长辈对他们的恩情。这种说法是很有道理的。我

第三章——以德育人：修身养德立根本

们并不是提倡要对父母行跪拜之礼，但是我们应当给孩子提供机会，让他们表达自己对父母的感激之情。比如过年过节以及父母大寿等重要的日子，让孩子以一定的形式来表达对父母养育之恩的感激；在日常生活中，让孩子帮忙端茶递水，给孩子关怀父母的机会。

家风故事

子路背米

相传我国伟大的思想家、教育家孔子一生弟子三千，其中贤弟子七十二。这七十二人中有一个叫子路的人，在所有弟子当中，他以勇猛耿直闻名，而其自幼的孝行也常为孔子所称赞。

子路小的时候家里很穷，一家人时常在外面采集野菜充饥。子路年迈的父母许久没有吃过饱饭了，总念叨着什么时候能吃上一顿米饭。可是家里一点米也没有。子路看在眼里，急在心里：这可怎么办啊？子路突然想起山那边舅舅家里还比较富足，要是翻过那几道山到他家借点米，那父母的心愿不就可以满足了吗？于是，子路打定主意出发了。

他不顾山高路远，翻山越岭走了几十里路，从舅舅家借到一小袋米，又马不停蹄地往家赶。夜里看着满天的繁星，一个人走在漆黑的山路上还真有点害怕，可想到父母还在家里等着自己，子路又鼓起勇气，大步流星地朝前赶去。

回到家里，生火、洗锅、打水，蒸熟了米饭，自己一口也舍不得吃，连忙捧给了父母。看到父母吃上了香喷喷的米饭，子路忘记了疲劳，开心地笑了。

父母去世以后，子路南游到楚国。楚王非常敬佩他的学问和人品，给子路加封到拥有百辆车马的官位，使其家中积余下来的粮食达到万石之多。坐在垒叠的锦褥上，吃着丰盛的筵席，子路常常怀念双亲，感叹说："真希望再像以前一样生活，吃藜藿等野菜，到百里之外的地方背回米来赡养父母双亲，可惜没有办法如愿以偿了。"孔子赞扬他说："你侍奉父母，可以说是生时尽力，死后思念哪！"

"树欲静而风不止，子欲养而亲不待"，这是皋鱼在父母死后发出的叹息，与子路的心态不谋而合。尽孝并不是用物质来衡量的，而是要看你对父母是不是发自内心的诚敬。

让"善改"塑造孩子

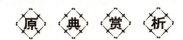

【原文】

人非圣贤，孰能无过！过而能改，善莫大焉。

——《左传·宣公二年》

【译文】

人不是圣贤，怎么能不犯错误！犯了错误而能改正，没有比这更好的事了。

言传身教

每个孩子都容易犯错，面对孩子的一次次"越轨"，大多数父母采取的手段注注是轻则言语斥责，重则棍棒侍候。甚至还美其名曰"不打不成才""棍棒下出孝子"。这样的教育方式在城市中也许并不多见，但在相对而言比较落后的农村，却是司空见惯的事。当然有些孩子也许慑于父母的威严，而一时变得循规蹈矩起来，令父母们"满意"；但是对于一些脾气犟、个性强的孩子来说，这一招注注就会"失灵"，甚至还会激起他们的对抗心理。父母越是打得凶，骂得狠，他们越是我行我素。

作为父母，每个人都希望自己的孩子能健康茁壮地长大成人。但是如果采用"不允许孩子犯错"的简单粗暴的教育方式，只会扼杀孩子的个性，扭曲孩子的心灵，对孩子的成长"有百害而无一利"。实际上，孩子的成长是一个不断犯错、不断改善的过程。孩子有时并不知道自己所认识的东西是错误的，也未必明白自己做错了事。他们用自己的眼光去看，用自己的头脑去想，对事物的认识难免片面。

要想让孩子养成有错就改的好习惯，父母可以采取以下方法加以引导：

第一，告诉孩子"你能行"。

每个孩子都会犯错误，父母如果严厉批评，会使孩子将失败经历错误地理解为"自己不能干"，从而畏惧干类似的事。所以父母要对孩子进行鼓励，告诉他"你一定能行，以后不会再犯这样的错误了"，这样才能增强孩子的自信心，并努力改正自己所犯的错误。

第二，鼓励孩子改正错误。

有些孩子会对自己所犯的错误耿耿于怀，父母可以让他向有错就改的孩子学习，也可以讲述"周处除三害"的故事，或者对他说自己小时候犯的错误，以及后来如何慢慢改正错识的故事；还可以让他找找改错过程的收获，使他感到改错的价值。

第三，不要急于求成。

孩子改正错误不是一朝一夕的事情，需要一个过程，因此父母要分时段随时加以提醒，从而经常给孩子一些暗示，定期注射一支强心剂。慢慢度过这个不稳定期，方能略微放松警惕，再让孩子逐渐学会自己去应对各种问题。

家 风 故 事

张绪教子改邪归正

南朝齐国大臣张绪教育儿子张充的故事，很值得今人借鉴。

张绪，南齐吴郡（苏州）人，字思曼，官至国子祭酒，风姿清雅，武帝置蜀柳于灵和殿前，尝曰："此柳风流可爱，似张绪当年。"张绪专管封建王朝的教育，主要培养三品官员以上的官僚子弟。此人颇有才能，为官清正，为朝廷上下所尊重。

张绪居官于帝都，老妻爱子留在吴郡。由于张绪常年在外，对儿子张充的教育不够，加上母亲疼爱有加，所以张充染上了一身坏习气。他游手好闲、不务正业，整天和一群狐朋狗友在街上鬼混，不是吃喝玩乐，就是打架滋事。

有一次，张绪请假回家，刚刚走到苏州西城外，正好碰上张充出城打猎。只见他左手架鹰，右手牵狗，后边跟着一群狐朋狗友，张充看到父亲站在船头，便放下弓箭，脱下套袖，在江边向父亲行礼。张绪见儿子这副模样，胸中升起一股无名之火，以讥讽的口气说："张充，你一个人又架鹰又牵狗，同时干两件事，难道不累吗？"张充惊恐地跪着说："孔夫子讲，人三十而立，我今年才二十九岁，请再给儿子一年时间，到了而立之年，我一定改邪归正。"

张绪当时真想责骂他一顿，但冷静下来一想，儿子不学好，自己也有教育不严的责任。于是，他消了火气，勉励儿子说："孔夫子主张过而能改，你真的能改过，就是张家的好子孙。"

张充说到做到，第二年真的改邪归正，弃恶从善，去掉了一身的坏毛病，刻苦读书，对当时盛行的"三玄"之作——《老子》《庄子》《周易》，研究得很深，同当时的大学者从叔、张稷齐名。后来张充官至散骑常侍、金紫光禄大夫，受到朝中大臣的普遍尊重。

知错不改亡国君

晋灵公生性残暴，时常借故杀人。一天，厨师送上来的熊掌炖得不透，他就残忍地当场把厨师处死。两个宫人奉命把尸体装在筐里，抬到宫外去埋葬。

大臣赵盾和士季看见露出的死人手，便询问厨师被杀的原因，并为晋灵公的无道而忧虑。他们打算规劝晋灵公，士季说："如果您去进谏而国君不听，那就没有人能接着进谏了。让我先去规劝，他不接受，您就接着去劝。"士季到了屋檐下，晋灵公才抬头看他，并说："我已经知道自己的过错了，打算改正。"

士季听他这样说，也就用温和的态度道："谁没有过错呢？有了过错能改正，那就最好了。如果您能接受大臣正确的劝谏，就是一个好的国君。"

但是，晋灵公并没有真正认识到自己的过错，行为残暴依然如故。相

第三章 以德育人：修身养德立根本

国赵盾屡次劝谏，他不仅不听，反而愈加讨厌，竟派刺客去暗杀赵盾。不料刺客不愿去杀害正义忠贞的赵盾，宁可自杀。晋灵公见此计不成，便改变方法，假意请赵盾进宫赴宴，准备在席间杀他。但结果赵盾被卫士救出，他的阴谋又未能得逞。最后，这个作恶多端的国君，终于被一个名叫赵穿的人杀死。

让"诚信"美化孩子

【原文】

中情信诚则名誉美矣，修行谨敬则尊显附矣。中无情实则名声恶矣，修行慢易则污辱生矣。

——《管子·形势解》

【译文】

内心信诚，名誉就美了；修身严肃认真，尊显就来了。内心不诚实，名声就坏了；修身简慢松懈，侮辱就来了。

言传身教

做人要信守诺言。信守诺言，别人才会信任你；否则，只会给别人留下不守信用的恶劣印象。生活中，只有做到"一诺千金"，别人才会相信你是一个信守诺言的人，从而会信赖你、依靠你，你在事业上才能一帆风顺。

俗话说得好："雁过留声，人过留名。"诚信是一个人最为宝贵的财富，一个人的名声和信誉不仅会影响到他的交际圈，而且会对其事业的成败有很大的影响。广而言之，不仅一个人需要有诚信，一个企业也需要有诚信，凡那些老字号的品牌都是依靠诚信积累起来的口碑才屹立百年而不倒。同样，国家、民族更需要诚信，诚信会影响一个国家在国际关系中的地位，会影响一个民族的前途和发展。诚信是做人之根，立事之本。

一个人信用越好，在事业上越能打开局面。所以，必须重视自己说过的每一句话。人们总是喜欢说话算数的人，而讨厌总是食言的人。那么，家长要怎样培养出一个诚信的孩子呢？

家长一定要起到榜样作用。当家长向他人承诺时，一定要问自己能不能做到，如果做不到或是没有把握，就不要轻易说"没问题"。如果家长一旦做出承诺，就要信守诺言，这样你的孩子看在眼里，也会深深地印在脑海里，对他们以后做人做事会产生深远的影响。如果家长没有做到对别人的承诺，甚至是轻言放弃，那么孩子将来也会和家长一样，成为一个不信守承诺的人。尤其是家长对孩子的承诺一定要做到言而有信。

如果许了诺，就一定要遵守。比如，你答应别人在何时何地见面，在你完全可以做到的情况下，你应推掉一切应酬准时赴约。如果经过努力，实在无法兑现承诺，应该及时告知对方，并且详细说明原因，真诚地表示自己的歉意并请求对方原谅。

失信于人，意味着丢失了做人的起码品德，意味着在别人眼里你是一个不讲信誉的人。所以，做人必须信守诺言。

家风故事

一诺千金

东汉初年，有一个人叫朱晖的，南阳人。年轻的时候，由于朱晖才学突出，从家乡被选拔到京都洛阳上太学。进入太学以后，朱晖学习非常用功，取得了很大的进步，他不仅学识渊博，而且为人正直，诚实守信，所以甚得众人赏识。在上太学的这段日子里，朱晖又结交了许多新朋友，其中有一位叫张堪，是朱晖在南阳的同乡，张堪那时已经进修结业，做了朝廷的重臣，很欣赏朱晖的学识与为人，再加上同乡关系，就有意提拔朱晖，可他却婉言拒绝了。这样一来，张堪更觉得朱晖是个可以信赖的人。

太学学业结束，朱晖要归家之时，张堪推心置腹地和朱晖说："你为人忠厚，能够自持，值得信赖，假如我哪天身体不好，驾鹤西去，希望你能照顾我的妻儿老小!"朱晖忙道"岂敢岂敢",但心里却非常感激,毕竟有人把自己当作生死之交,这也是一件让人欣慰的事。当时他们身体都很好,朱晖也没有把张堪的话太放在心上,并没有做出任何承诺。

从那以后,两个人因为种种原因,联络越来越少。时光飞逝,没过多久,张堪便去世了。张堪为人为官,清正廉洁,两袖清风,死后并没有给家中留下多少积蓄,他妻儿的生活非常拮据困难。正当他们为生活困窘而一筹莫展之时,朱晖闻讯赶来,向张堪的妻儿伸出援助之手,以后不断地对张堪的家里进行资助,年复一年地去关心他们。

朱晖的儿子对此非常不理解,就问朱晖:"您过去和张堪并无深交,为何对他的家人如此厚待与关心呢?"朱晖感慨道:"我和张堪是彼此倚重、生死相托的朋友,这就足够了。"儿子更是纳闷:"既然你们是好朋友,怎么不曾来往?"朱晖道:"我与张堪虽来往不密,但是张堪在生前曾有知己相托之言。他之所以托付给我,是因为他信得过我,我又怎能辜负这份信任呢?况且当时我嘴上虽然不置可否,心中却已答应。当时张堪身居高位,自然不需要我的帮助。而如今他不在了,其家人生活困窘,我又怎能袖手旁观?"

朱晖后来官至尚书令,却从来不炫耀自己。他在私下里经常告诫儿子:"你不一定要学我如何做官,但务必要学我如何做人。"

这便是"情同朱张"这一典故的由来。从这个故事中,我们能够看得出,我们的古人如何守信重义。张堪与朱晖不过是一面之交,一言之托,然而朱晖却始终铭记在心中,并付诸行动。这就是"言必信,行必果",这是现代许多人所缺乏的,也是现代人所要学习的。

让"礼仪"搀扶孩子

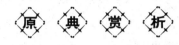

【原文】

礼义不可不知。

——《朱子家训》

【译文】

人不可以不懂得礼仪。

言 传 身 教

现在的孩子大多是独生子女，过惯了"衣来伸手，饭来张口"的舒心日子。以自我为中心，对长辈不够尊重，对别人缺乏爱心，不能和别的小朋友和谐相处……

大家要明白这样一个道理，如果只是知道对人要有礼貌，其实还是不够的。还要明白，礼貌应当如何恰当具体地体现出来。那些具体的礼节和仪式，也是至关重要的。孩子的模仿性和可塑性是非常强的，而父母的榜样力量是无穷的。家长朋友们要在平时生活的点点滴滴中以身作则，抓住良机对自己的孩子进行文明礼仪养成教育。大家在听了名人丰子恺教育子女的故事之后，聪明的朋友们一定会得到很大的启示。为了孩子的将来，就让我们赶快行动起来吧！

中国自古以来就是闻名世界的礼仪之邦，"礼"是中国文化中非常重要的精神，是中国人立身处世的美德。尤其是儒家，极为重视"礼"在社会生活中起到的作用。孟子说的"父子有亲，长幼有序，朋友有信"就是指在父母面前，在长辈晚辈面前，在朋友面前，都要遵守一定的礼仪道德，讲究文明礼貌。

在中华文化中，"礼"是中华民族的美德之一，是一个人的立身之本，是人们衡量一个人人格高下的标准。孔子说："不学礼，无以立。""礼"来源于对他人的尊重、谦让，源于对长辈、对道德准则的恭敬和对兄弟朋友的辞让之情。作为道德修养和文明的象征，礼貌、礼让、礼节是中华民族传统美德的体现。

礼貌，是人类为了维持社会正常生活需求而要求人们共同遵守的最起码的道德规范，是文明社会的基本要求。任何一个文明社会，任何一个文明民族，都非常注重以礼待人，重视文明礼貌。礼貌是一个人思想道德水平、文化修养、交际能力的体现。如果一个人不懂得以礼待人，对人不够尊重，就会被他人视为缺少修养从而招人厌烦。懂礼貌的人办起事情来比不懂礼貌的人往往更加顺利。因此，家长应当在孩子小的时候就努力让孩子养成礼貌待人的好习惯，时刻注意观察孩子的举动，如果孩子做出了不礼貌的行为，家长要注意及时纠正。

每一个家长都希望自己的孩子是一个知礼节、懂礼仪的人，那么家长怎样来对孩子进行礼仪教育呢？

第一，让孩子学会日常待客礼仪。

在日常生活中，无论是去探亲访友还是在家中款待亲朋好友，都是让孩子学习礼仪、提高交往能力的好机会。在日常的生活中，让孩子学会待客之礼；在等待客人拜访前，对孩子进行礼仪教育是很有必要的。家长告诉孩子见客人应有的礼节，如在客人面前应面带微笑，起身主动问好；对客人的提问认真回答；孩子可以以小主人的身份热情招待客人，为客人端茶送水。在家长与客人交谈时，告诉孩子不要打闹嬉戏，更不要随便插嘴和吵闹，尤其是不要对客人评头论足，不要向客人讨要礼物等。客人临走时，要让孩子送至家门口，说"再见，下次再来！"等礼貌用语。

第二，家长为孩子做好榜样。

家长良好的言行举止是孩子学习社交礼仪的最好榜样。在实际生活当中，孩子眼中看到的还不是一个到处人人彬彬有礼、礼让谦和的世界，一些家长平时也不注意自己的言行和教育方式，孩子回到家庭这个小环境，在百般宠爱下，坏习惯会暴露无遗。所以，家长要为孩子创造一个能不断运用和巩固良好礼仪的环境，使其内化为孩子持久的行为。因此，家长一定要以身作则，给孩子以最好的影响。特别要指出的是，父母在教给孩子待人接物的礼仪时，千万不要忽略了自己的言行举止。我们经常看到这样的情况：家长用粗鲁的方式教育孩子要懂礼貌；当孩子忘了说"谢谢"时，父母会当着其他人的面很生气地训斥孩子；家长急急忙忙地提醒孩子说"再见"，甚至家长自己都还没道别……这些行为在潜移默化中影响着孩子待人接物的态度。平时，家长就应创造机会让孩子多实践，鼓励孩子参加各种人际交往活动，对孩子的礼貌行为及时肯定赞扬，让孩子体验到礼貌行为带来的愉悦，以利于巩固、重复这种行为，逐渐养成良好的习惯。

第三，给予孩子及时的肯定。

家长需要注意的是，当着客人的面，千万不可责怪孩子，这会让客人难堪，让孩子恼怒。不要当着客人和孩子的面将自己的孩子与别人的孩子做比较，这样会损伤孩子的自尊心和自信心。即便孩子做得不是很好，也要及时给予他充分的肯定和鼓励。让孩子在以后的行为中更加充满自信，并提高孩子的积极性和主动性。

第四，要适时地给予孩子礼仪的教育。

在节假日的探亲访友中让孩子学礼仪。家长在去亲戚家做客的路上，可以以交谈的方式对孩子进行礼仪教育，这种方法通常是非常有效的。因为这时家长说的话，孩子听得进，记得牢。家长应告诉孩子要去哪里，怎样称呼主人，并介绍他们与家长的关系以及与孩子的关系。鼓励和启发孩子想出一些节日祝词，向主人致以节日的问候。

第五，教会孩子做客的礼仪。

到亲戚家，当主人端上糖果糕点、茶水时，告诉孩子要先说谢谢，然后用双手去接。告诉孩子不要随便玩弄主人家的摆设和物品，更不能任意开柜子门、冰箱等。考虑到主人可能会留客吃饭，家长也应提前对孩子进行餐桌礼仪教育，让孩子吃出"文雅"来，要小口进食，闭起嘴咀嚼，不要发出声响来。夹菜、舀汤时动作要轻，不要光夹自己爱吃的菜，也不要对菜的味道挑三拣四。提醒孩子临走时应向主人道谢，说"再见"。

此外，从孩子身边的小事抓起，从一点一滴中加以训练。比如，见到邻居，要教孩子主动打招呼；进邻居家要先敲门，待允许后再进去；邻居有事

第三章 以德育人：修身养德立根本

不打扰；人家休息时，要保持安静，不吵闹；等等。这样，点点滴滴，反复教导，孩子自然会养成良好的文明习惯。

家风故事

丰子恺教子懂礼

丰子恺生于浙江桐乡，曾师从弘一大师李叔同。他早年从事美术和音乐教学，后成为我国著名的现代画家、文学家、教育家。

在平时生活中，丰子恺经常给孩子们讲要对人有礼貌，"礼仪"，是一个人待人接物的具体礼节和仪式。

丰子恺是名人，家里经常有客人来访。每逢家里有客人来的时候，他总是耐心地对孩子们说："客人来了，要热情招待，要主动给客人倒茶、添饭，而且一定要双手捧上，不能用一只手。如果用一只手给客人端茶、送饭，就好像是皇上给臣子赏赐，或是像对乞丐布施，又好像是父母给小孩子喝水、吃饭。这是非常不恭敬的。"他还说，"要是客人送你们什么礼物，可以收下，但你们接的时候，要躬身双手去接。躬身，表示谢意；双手，表示敬意。"这些教导，都深深地印在孩子们的心里。有一次，丰子恺在一家菜馆里宴请一位远道而来的朋友，把几个十多岁的孩子也带去作陪。孩子们吃饭时，还算有礼貌，守规矩。当孩子们吃完饭，他们之中就有人嘟囔着想先回家。丰子恺听到了，也不大声制止，就悄悄地告诉他们不能急着回家。事后，丰子恺对孩子们说："我们家请客，我们全家人都是主人，你们几个小孩子也是主人。主人比客人先走，那是对客人不尊敬的行为。就好像嫌人家客人吃得多，这很不好。"孩子们听了，都很懂事地点头。

丰子恺的儿子丰陈宝，小时候很守规矩，但特别害怕见生人。因此，在客人面前，常常显得不大懂礼貌。丰子恺觉得，小陈宝之所以这样，恐怕是因为他平时很少接触生人、缺乏见识和缺少这方面的锻炼。于是，他就利用一些外出的机会，带着小陈宝出去见世面。一次，丰子恺到上海为开明书店做一些编辑工作，把小陈宝也带去了。那时，小陈宝十三四岁，已经能帮着抄抄写写、剪剪贴贴。带上他，一方面是为了让陈宝打下手；

另一方面，也是给他一个接触生人的机会。有一次，来了一位陈宝不认识的客人。客人跟父亲说完话，要告辞的时候，看到了小陈宝，转过身来就与小陈宝热情地打招呼。小陈宝一下子愣住了，一时间不知道如何是好，竟没有任何反应，傻呆呆地站在那里，像个木头人似的。送走了客人，父亲责备陈宝说："刚才，那位叔叔跟你打招呼告别，你怎么不理睬人家？人家客人向你问好，你也要向人家问好；人家跟你说再见，你也要说再见，以后要记住。"

在父亲的正确教导下，丰子恺的孩子个个都是懂规矩、讲礼貌，长大后有出息的人。

让"宽容"陪伴孩子

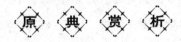

【原文】

人有小过，含容而忍之；人有大过，以理而谕之。

——《朱子家训》

【译文】

他人有小的过错，要不动声色地包容；他人有大错误，要用事理来教育训导他。

言 传 身 教

宽容是一种美德。宽容能使人牲情温和，化解很多不必要的矛盾，化干戈为玉帛。宽容的人能够恰当地处理各种人际关系，能够适应各种变化多端的环境，无论走到哪里，都会受到人们的欢迎和拥戴，因此也能够融洽地与人合作，充分发挥自己的潜能。

心胸狭窄的人小肚鸡肠，他们有一个非常明显的特点就是心中容不下别人，不能看见别人比自己优秀，他们自私自利的性格决定了他们的世界里只能够容得下他们自己，如果身边有比他们优秀的人存在，他们简直寝食难安，昼夜难寐。而看到不如他们的人，则会将目光专注于别人的缺点，觉得别人处处不如自己，同他交往会给自己带来诸多不便等，同样也难以容得下他人。

这是一个越战归来的士兵的故事。他从旧金山打电话给他的父母，告诉他们："爸、妈，我回来了，可是我有个不情之请，我想带一个朋友同我一起回家。""当然好啊！"他们回答，"我们会很高兴见到他的。"

不过儿子又继续说："可是有件事我想先告诉你们，他在越战里受了重伤，少了一条胳膊和一只脚，他现在走投无路，我想请他回来和我们一起生活。"

"儿子，我很遗憾，不过或许我们可以帮他找个安身之处。"父亲又接着说，"儿子，你不知道自己在说些什么。像他这样的残疾人会对我们的生活造成很大的负担。我们有自己的生活，不能就让他这样破坏了。我建议你先回家然后忘了他，他会找到自己的一片天空的。"就在此时儿子挂了电话，他的父母再也联络不到他了。

几天后，这对父母接到了来自旧金山警局的电话，对方告诉他们亲爱的儿子已经坠楼身亡了。警方相信这只是单纯的自杀案件。于是他们伤心欲绝地飞往旧金山，并在警方带领之下到停尸间去辨认儿子的遗体。

那是他们的儿子没错，但让他们惊讶的是，儿子居然只有一条胳膊和一条腿。

故事中的父母和我们大多数人一样，难以容纳那些会对我们造成不便和不快的人，其实这个故事告诉我们：宽容他人，就是宽容自己。

北京潭柘寺有一座大肚弥勒佛。弥勒佛旁边的楹联上写着："大肚能容，容天下难容之事；开口便笑，笑世间可笑之人。"这两句话可以给我们很多启发，做人正须有这样的胸怀，凡事看得开，容得下，才不会平添许多烦恼，胸怀宽广，才能够成就大业。翻开历史看看，那些有所成就、功绩赫赫的文人武将、政治家、思想家、军事家，无不是胸怀宽广、包容天下之人。

三国时期魏国曹操一首《观沧海》显示了其宽广的胸怀。

一代女皇武则天，有着宽阔的胸怀，她登基后，竭力主张"广开言路"

"杜馋口"，初唐四杰骆宾王写了一篇《代李敬业（即涂敬业）传檄天下文》的文章，以尖酸刻薄的语言对武则天进行了赤裸裸的人身攻击。武则天看了没有发怒，反而认为像骆宾王这样才华出众的人应该予以重用，过去没用是丞相的过失。武则天实际执政46年，提拔了不少有能力、有名望的贤相名将，对巩固政权起了一定的积极作用。

大文豪李白以及苏轼的胸怀都能吞吐天下。李白一生狂傲不羁，有"天子呼来不上船"之语；而苏轼的"大江东去，浪淘尽、千古风流人物"，那种气魄更是常人难比。近代民族英雄林则涂指出，"海纳百川，有容乃大"。一个人善于宽容，他的人格才会像海一样伟大。

宽容心对孩子个性的完善和人际关系的建立有着很重要的作用。有宽容心的孩子注注性情温和、心地善良，能够为人着想，富有同情心，因而更能获得同伴的喜爱和拥护。

然而，伴随着生活水平的不断提高和独生子女家庭的日益增多，父母对孩子越来越细心，越来越溺爱，这很容易让孩子形成以自我为中心的自私自利的性格。比如在家中吃饭的时候只挑好吃的，看电视的时候不顾他人的感受，想看哪个节目就看哪个，自己的玩具不舍得拿出来让小伙伴们一起玩，在小伙伴中间极不受欢迎，这都是孩子缺乏宽广胸怀的表现。而想要培养孩子的宽广胸怀首先应该让他学会宽容。

因此，父母要教孩子学会宽容，培养孩子宽广的胸襟。要想培养孩子的胸襟，可以从以下几个方面入手：

第一，父母要胸怀宽广，以身作则。

教育家马卡连柯曾指出，父母"在开始教育自己的子女之前，首先应当检点自身行为"。父母想要培养孩子宽容的品质，首先自己就要为人大度。如果父母本身心胸狭窄，容不得别人，喜欢对别人说三道四，为芝麻大小的事争论不已，又怎能让孩子学会胸怀宽广呢？

第二，开阔孩子的眼界。

一个人心胸狭窄不仅有家庭原因，眼界狭窄同样是造成心胸狭窄的重要因素。见识短浅的孩子必定没有宽广的胸怀，家长应当让孩子多接触社会、多接触大自然，广泛阅读，广泛参加各种活动。

第三，让孩子懂得人无完人的道理。

忠

言传身教正己身

096

列宁说过，只有死人和刚生下的小孩子没有缺点。孩子在成长过程中犯些错误是不可避免的，家长要帮助孩子发现自身的不足和劣势，正确认识自己，让孩子知道自己不是十全十美的。每个人都有缺点，要适时地进行自我反思和自我批评，只有不断地发现自身的缺点并积极改正，才能够取得更大的进步。能够进行自我批评是胸怀宽广的标志之一。

家 风 故 事

楚庄王绝缨

春秋时，有一天晚上，楚庄王大宴群臣。正当大家酒喝得酣畅之时，突然灯烛灭了。这时，庄王身边的美姬"啊"地叫了一声，庄王问："怎么回事啊？"美姬对庄王说："大王，刚才有人非礼我。那人趁着烛灭拉我的衣襟。我扯断了他头盔上的红缨，现在还拿着，你赶快点灯，抓住这个头盔上没有红缨的人。"庄王听了，便说道："是我赏赐大家喝酒，酒喝多了，有人难免会做些出格的事，没什么大不了的。"于是，他在黑暗之中命令所有人说："众位将军请把自己的头盔统统摘掉，今天晚上我们君臣喝个痛快，不醉不归。"于是，当侍从再次点上灯的时候所有人头上都没有了头盔，也就分不清哪个是趁黑拉了一下美姬衣角的人了。

过了三年，楚国与晋国爆发了一场战争，战况相当激烈。楚庄王为了鼓舞士兵士气，亲自披挂上阵，但不幸被敌军重重包围，这时有一位将军英勇无比地冲进了敌军中救出了楚庄王。战斗胜利后，庄王感到好奇，忍不住问他："我平时对你并没有特别的恩惠，你为何要冒着生命危险来救我呢？"他回答说："我就是那年那天夜里被扯断红缨的人，是您宽容了我的鲁莽，我非常感激您。"

宽广的胸怀，指的是一种"不以物喜，不以己悲"的气度和对异己的包容。唯有胸怀天下，才觉得人生广阔，才能将生命的境界拓宽，才能将自己的事业拓宽。一个人的胸怀体现了他的人格，具有宽广胸怀的人是人格高尚的人。

让"感恩"浇灌孩子

【原文】

施人慎勿念，受施慎勿忘。

——《袁氏家训》

【译文】

施恩于人不要再想，接受别人的恩惠千万不要忘记。

言 传 身 教

中国古代教育人就讲"受人滴水之恩，当以涌泉相报"。"涌泉相报"便是一种实实在在的感恩行动。感恩一直是我们中华民族的传统美德。

人们都说，能孝敬父母的人，也一定懂得爱百姓、爱自己的国家。

黄香心存感恩，小小年纪就懂得以实际行动关爱父亲。

"投桃报李""礼尚往来"是人们在日常交往中常用的语言。人与人之间的关系普遍存在着受恩与施恩，双方在感情上、精神上、物质上和行动上的互酬。

古人说，"鸦有反哺之义，羊知跪乳之恩""谁言寸草心，报得三春晖"，我们人类是万物之灵，更懂感情，所以也更应懂得"知恩"和"报恩"。唐代诗人王梵志说，"负恩必须酬，施恩慎勿色"，意思是指受恩的人一定要懂得回报，施恩的人不要有骄傲自得的神色。

感恩的举动、感恩的回报，不论是以上的哪一种，都说明一颗感恩的心能够让周围的人看见你的善良与真诚，与你共处更加融洽，对你更加宽容。正因为如此，感恩这朵心灵之花就有了成长的沃土，只要我们播下感恩的"种子"，就能茁壮成长。感恩的"种子"在哪里呢？留心身边一点一滴的小事就很容易找到它：它可以是妈妈下班回家后递上的一双拖鞋，它可以是老

第三章——以德育人：修身养德立根本

师嗓子不舒服时讲桌上的一杯温水……这都是举手之劳，那就让我们及早播下感恩的"种子"吧。

佛家"报四重恩"讲得很好。这"四重恩"指的是：第一，感念佛陀摄受我以正法之恩；第二，感念父母生养育我之恩；第三，感念师长启我懵懂，导我入真理之恩；第四，感念施主供养滋润我身之恩。

一个人从出生开始，就领受了父母的养育之恩；等到上学，又受到老师的教育之恩；工作以后，又有领导、同事的关怀、帮助之恩；年纪大了之后，又免不了要接受晚辈的赡养、照顾之恩。感恩之心，是一个人对自己与他人以及社会关系的正确认识。而报恩，则是在这种正确认识之下产生的一种责任感。在感恩的意念中，我们会心平气和地面对许多烦琐的事情；可以认真、务实地处理每一件细小的事情；可以自发做到严于律己、宽以待人。

学会感恩，懂得分享，必须从孩子小的时候做起。从孩子刚刚记事开始，家长就应该有意识地培养他们感恩的心。现在的独生子女要做到这一点确实很难。父母每天忙里忙外地"伺候"着家里的"小皇帝"，唯恐做得不够好，委屈了孩子。但是，当你把最好的一切都放在孩子面前让他选择，而且日复一日就像例行公事一样从不间断时，他们又怎么会知道这些东西来之不易呢？孩子只会顺理成章地认为这是应该的，而且是必需的，甚至某天稍有怠慢还会招来一顿数落。

为了不恶性循环，我们要趁早收回孩子的特权，要让他们尝一尝父母的辛苦。尝过了苦才知道甜的来之不易，才会明白是谁给了他们这一份甘甜，才会懂得饮水思源，学会感恩。

家风故事

黄香温席感父恩

《三字经》里写道："香九龄，能温席；孝于亲，所当执。"小黄香是汉代因孝敬长辈而名留千古的好孩子。他9岁时，不幸丧母，小小年纪便懂得孝敬父亲。冬夜里，天气特别寒冷。那时，农户家里又没有任何取暖的设备，确实很难入睡。这么冷的天气，父亲白天干了一天的活，晚上还不能好好地睡觉。想到这里，小黄香心里很不安。为让父亲少挨冷受冻，他读完书便悄悄走进父亲的房里，给他铺好被，然后脱了衣服，钻进父亲的被窝里，用自己的体温温暖了冰冷的被窝之后，再请父亲睡到温暖的床上。黄香用自己的孝敬之心和行动，温暖了父亲的身心。黄香温席的故事，就这样传开了，街坊邻居人人都夸奖小黄香的孝心。

第三章

以德育人：修身养德立根本

第四章

开智导正：谦恭好学求发展

　　智力开发、学会学习不仅是学校教育的重要内容，同时也是家庭教育的重要内容。孩子的学习好与不好，不一定是智力所致，而与家长对孩子的学习态度、对孩子的学习指导、对孩子的学习习惯的培养等有直接关系。因此，家长给孩子提供好的学习环境，努力培养孩子良好的学习态度和习惯，对孩子以后的学习及人生的发展都具有重要的意义。

培养持之以恒的耐力

【原文】

尔欲稍有成就，须从有恒二字下手。

——《曾国藩家书》

【译文】

你要想有所成就，必须从持之以恒开始。

言 传 身 教

持之以恒是指有恒心，持续不断地坚持。成语出自清代曾国藩的《家训喻纪泽》："尔之短处，在言语欠钝讷，举止欠端重，看书不能深入，而作文不能峥嵘。若能从此三事上下一番苦功，进之以猛，持之以恒，不过一二年，自尔精进而不觉。"做父母的必须让孩子懂得：学贵有恒，即使面对困难与挫折，也应该坚持不懈地去努力。

怎样才能培养孩子持之以恒的学习精神呢？

第一，要教会孩子合理地利用和分配时间。

培养孩子持之以恒的精神，重要的是先要教会孩子合理分配时间。如果父母不断在孩子耳边强化时间的概念，那么孩子会很早就会学会合理掌握时间，甚至比认识钟表还要早。如果父母要孩子8点睡觉，那么就意味着8点钟孩子就要躺到被子里。如果他觉得能拖住或操纵父母，让父母同意他"再待"几分钟，那么就等于是父母在向孩子传递一种信息：时间的外在限制是不重要的，他可以根据自己的需要决定在家里的时间。

孩子6岁时，父母就可以用计划表来告诉他合理掌握时间的基本原则。父母必须和孩子一起填写。该表可以让孩子明白，把事情分出轻重缓急，确定完成事情所需要的时间，坚持把事情干完并评判结果的重要性。请记住，合理掌握时间是一项必须学会的技能。父母不能指望孩子马上能理解其重要性，不能强迫孩子立刻接受。但是，一遍又一遍不厌其烦地强化这些技能就会使孩子养成一生的好习惯。根据专家对情感智力和大脑发育情况的了解，孩子必须发育出神经通道，才能使坚持不懈的努力成为习惯。

第二，要教孩子持之以恒，还要教孩子学会掌握时间和工作的进度。

列出所有时间段必须完成的事情。可根据其重要性分出先后，最重要的放在最前面，最不重要的放在最后。然后估算一下正确完成每件工作所需的时间，要保证自己有足够的时间完成最重要的工作。如果时间不够，那么在次要问题上不能花太多的时间，或者重新分配时间。

第三，要让孩子克服在学习中遇到的困难。

要分析孩子在学习中遇到困难的情况。大致有以下几种：第一种，孩子感到疲劳或是身体不适而不能坚持下去。这种情况家长要及时察觉，并给予合理的解决。例如可以让孩子适当地放松一下，能够缓解疲劳。第二种，学习难度较大，让孩子有为难情绪，很容易产生逃避的心理。这个时候家长要给予正确的指导。家长可以启发或引导孩子克服困难，也可以让孩子换一种方法去尝试。第三种，孩子心不在焉，不能集中注意力。这时家长要洞察孩子的言行，通过试探或是观察的方式去了解到底是什么事情分散孩子的注意力。一旦知道原因，家长要及时给予孩子帮助和指导。

家风故事

韦编三绝

古代的名人学者们，很多都自幼勤奋学习，苦读经典，在读书有恒心这一方面为我们做出了良好的榜样。

相传孔子就是一个读书十分有恒心的人。年过花甲的孔老夫子研习《易》的时候，经常反复阅读。春秋时期的书，主要是以竹子为材料制造的，把竹子破成一根根竹签，称为竹"简"，用火烘干后在上面写字。一根竹简上写字，多则几十个字，少则八九个字。一部书要用许多竹简，通过牢固的绳子按次序编连起来才最后成书，便于阅读。通常，用丝线编连的叫"丝编"，用麻绳编连的叫"绳编"，用熟牛皮绳编连的叫"韦编"。像《易》这样的书，是由许许多多竹简通过熟牛皮绳编连起来的。

孔子"晚年喜易"，花了很大的精力，反反复复把《易》读了很多遍，又附注了许多内容，这样不知翻开又卷回去地阅读了多少遍。孔子这样读来读去，把串联竹简的牛皮带子也给磨断了好多次，不得不多次换上新的再使用。即使读书读到了这样的地步，孔子还谦虚地说："假如让我多活几年，我就可以完全掌握《易》的文与质了。"

培养吃苦耐劳的精神

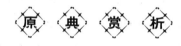

【原文】

故天将降大任于斯人也，必先苦其心志，劳其筋骨，饿其体肤，空乏其身，行拂乱其所为，所以动心忍性，增益其所不能。

——《孟子》

【译文】

所以上天将要降落重大责任在这个人身上，一定要事先使他的内心痛苦，使他的筋骨劳累，使他经受饥饿，以致肌肤消瘦，使他受贫困之苦，使他做的事颠倒错乱，总不如意，通过那些来使他的内心警觉，使他的性格坚定，增加他不具备的才能。

言 传 身 教

勤奋刻苦，是中国人对于人生的一种要求，无论是读书还是做工、做官，都应该如此。勤能补拙，因此，对于子弟，应该从小就培养他们吃苦耐劳的精神。不过，吃苦不可过分，若是伤了血气，就不利于子弟的身心发展了。

然而，在现今社会，更多的父母见不得孩子吃苦。他们为孩子付出的爱之深，做出的牺牲之巨，是历年来少见的。虽然苦劳与功劳并不冲突，但是如果只一味地想要满足孩子，而不讲究教育的理性；如果只管为孩子奉献和牺牲，而不给他们锻炼自己的机会；习惯了为孩子包办一切而不肯撤退，只为让孩子少吃苦。那么这种教育方式将会只有苦劳而没有功劳。

令人担心的是，很多父母都深陷在对孩子爱的误区里，丝毫没有意识到自己的错误。他们借助自己的一切力量防止孩子受苦，给孩子提供了最好的爱、最优的成长环境。可是，家长就算把自己的一切——财富、地位、时间和精力都交到孩子的手上，孩子也未必会终身幸福。只有让他们在痛苦中锻炼，在困难中超越自己，学会依靠自己的力量谋生，他们才会懂得如何追求自己的目标，并且在追逐之后获得幸福感和满足感。

真正爱孩子的父母，会教孩子消化那些痛苦的方法，帮助孩子把负面的东西变成促使他进步的正面能量。他们不会想尽一切办法来阻止孩子吃苦，而会在孩子处于苦难之中、面临生活的考验时，告诉孩子应该怎样坚强地面对。

现在有不少家长抱怨当今的孩子意志不坚，吃不得苦，在做事情的时候缺乏韧性、容易放弃。其实造成这种现象的原因固然与孩子软弱的性格有关，但是，这种软弱的性格往往是家长娇惯出来的。因此，"罪魁祸首"仍然是家长。孩子的可塑性是非常强的，如果家长能够对培养孩子的意志力有足够的重视，并且给孩子良好的引导，必然能形成良性循环，让孩子受益终身；反之，如果不注意培养孩子的意志力，事事包办，错过了培养孩子意志力的最佳时期，将会让孩子形成意志薄弱、浅尝辄止等不良习惯。

那么家长要如何锻炼孩子坚强的意志力呢？

第一，从小事做起，持之以恒。

从身边的小事做起，并坚持不懈，从不中断，这是磨炼一个人意志的最好方法。很多事业有成的人都是通过坚持做一些小事情来磨炼自己的意志的。著名文学家高尔基说："哪怕对自己一点小的克制，都会使人变得强而有力。"俄国生理学家巴甫洛夫就是把工工整整的书写作为磨炼自己意志的方法。我国先秦哲学家老子也说过："为大于其细。"因此，家长应当让孩

第四章　开智导正：谦恭好学求发展

子从小事做起，从细节做起，慢慢养成坚强的意志。

第二，为孩子制订合理的计划。

通过制订合理的计划，可以逐渐培养孩子的意志。家长可以给孩子布置明确的短期任务，并指导孩子按照预定的目的和计划按部就班地进行，一步步地完成。如果任务完成得好，家长应当对孩子进行表扬，从而鼓励他们这种强化意志的行为，让孩子逐渐形成意志的自觉性。

第三，鼓励孩子勇于面对困难。

困难可以检验孩子的意志力，因为在困难的考验下，需要孩子拿出更强的意志力。家长在培养孩子意志力的过程中，可以让孩子适度做一些有难度的事情。当孩子在面对困难的时候，家长应当为孩子打气，让孩子相信他有能力战胜困难，而万不能打击孩子，让孩子心灰意懒。

第四，为孩子培养良好的行为习惯。

一个良好行为习惯的养成，需要长期的坚持，自然需要意志力的支撑。因此，家长可以从培养孩子的行为习惯入手。而培养孩子的行为习惯要从小事做起。比如让孩子按时完成作业，严格遵守作息时间，自己收拾房间等。培养他们的行为习惯时要对他们进行严格的要求，决不可半途而废。要求他们改正的缺点就要监督他们逐渐改正。这样，在孩子形成良好行为习惯的同时，也培养了他们良好的意志品质。

第五，父母要树立良好的榜样。

父母对孩子所起到的影响也是立竿见影的，因此父母在生活或是工作中遇到一些困难时，千万不可轻言放弃，甚至可以让孩子对你说些鼓励的话，在孩子的鼓励和陪伴下渡过难关。因为每个人都需要安慰，再强大的人也有心理上的软弱。而坚持到胜利之后，孩子不仅会对你的意志力赞赏有加，而且还会潜移默化地受到你坚强意志的影响。

坚强的意志力不是短期内就能够养成的，孩子们往往都是三分钟热度，容易放弃，因此，家长要有足够的耐心。培养孩子的意志力不仅是对孩子的考验，也是对家长的考验，如果任何一方放弃，都会前功尽弃。相信经过一段时间的坚持，孩子最终能够成为勇往直前、意志坚定的孩子。

吃苦耐劳成名家

齐白石从小就身体不好，干不了田里的活儿。家里人怕勉强他干下去，他的身体会吃不消，就想让他学一门手艺，以备将来养家糊口。可是，究竟该学哪一门手艺呢？家人讨论了许久，也没有一个定论。

那时候，齐白石的本家有一位木匠，在当地发展得不错，碰巧他年初到齐白石家里拜年，父亲就提出来让儿子跟着他学木匠。几天后，齐白石拿着敬师酒去拜访那位本家，也就成了他的徒弟。可是时间不长，齐白石就因为体力不支，坚持不下去，被师傅打发回来了。这时候，邻里之间就开始说他的闲话了："那孩子怎么可能学得成手艺？他就是废人一个。"齐白石知道后内心受到了很大的打击。可是父亲却对他说："有出息的人都必须比别人多吃苦。现在的难关，就是老天在考验你呢。"齐白石听了，暗下决心，不能被眼前的困难打倒，一定要干出一个样子来。

一个月以后，他又拜了一位性情比较温和的师傅，学的还是木匠。

有一天，他和师傅干完活回家，在路上遇到了其他三位木匠。那三个人傲慢至极，师傅却对他们毕恭毕敬。齐白石不解，问道："他们是木匠，我们也是木匠，凭什么要对他们毕恭毕敬？"师傅说："你真不懂规矩。虽然同样是木匠，可是木匠也分很多种的。我们是木匠之中的大器作，做的都是粗活。他们是小器作，做的是细活。他们能做出很精致细巧的东西，还会雕花。这种手艺，不是聪明的人，即使学一辈子也不一定能够学会。像我们这样的人，怎么能跟他们平起平坐呢？"齐白石听了，很不服气，一心想要学成小器作，看他们还敢不敢小瞧人。

他投师到了周之美的门下，改学雕花。这位周师傅的雕刻手艺远近闻名，尤其是用平刀雕刻人物，技术独一无二。齐白石很喜欢这门手艺，可是由于他的基础不好，总是出错，师傅经常会责骂他。这时，父亲都会鼓励他说："一定要坚持住，只有吃得苦中苦，才能成为人上人。"

在父亲的鼓励下，齐白石克服了种种困难，终于学会了师傅的平刀雕刻

第四章 开智导正：谦恭好学求发展

技术。他还在学到的技艺基础上，琢磨改进了圆刀法，把平日里自己所画的花卉和果实加到代代相传一成不变的传统图案中，又根据乡里人喜闻乐见的吉庆词勾摹出许多人物，创造出了很多花样，很受乡亲们的欢迎。渐渐地，齐白石成了方圆百里以内最有名的木匠。

齐白石的一生，可以说是一个少年从平凡走向成功的奋斗史。他的父母教给他的是在困难中坚持，在苦难中进取，使得他在以后的人生道路上，因为丰富的人生阅历而收获了更多的财富。

让孩子学会动脑

【原文】

尔读书记性平常，此不足虑。所虑者第一怕无恒，第二怕随笔点过一遍，并未看得明白，此却是大病。

——《曾国藩家书》

【译文】

你读书记性不好，这点不用担心。要担心的第一点是怕没有恒心，第二点是怕没有弄明白就一笔带过，这才是大的问题。

言 传 身 教

科学家和教育家都曾预言：未来社会的文盲将不是目不识丁的人，而是那些没有掌握正确的学习方法，不懂得怎样科学用脑的人。作为家长，我们不仅要教会孩子学习，还要让孩子知道应该如何科学用脑，提高学习效率。那么，可以运用哪些方法帮助孩子提高用脑效率呢？

第一，充分利用最佳"用脑时间"。

蔡元培的母亲了解到自己的孩子在早上记忆效果特别好，所以每天督促孩子早上起来学习，这是因为她发现了蔡元培的最佳用脑时间。我们把用脑效果最好、学习效率最高的时间，称之为最佳用脑时间。但是并非所有的孩子都像蔡元培一样在早晨记东西特别快，反应灵敏。有的孩子的最佳用脑时间是早晨，有的则是晚上，要根据孩子的不同，督促他们合理利用最佳用脑时间，以提高自己的学习效果。

第二，保证充足的睡眠。

蔡元培一直强调说，要在保证休息的基础上学习，是因为充足的睡眠是科学用脑的基础。孩子的大脑并不是一架永不停歇的机器，睡眠是保证大脑休息的有效方式，只有充足的睡眠，才能缓解疲劳，促使大脑保持正常的工作。因此，家长应该合理地安排孩子的睡眠时间，千万不要以为让孩子"开夜车"，就是对孩子最好的督促，就能够提高孩子的学习成绩。家长如果这样做，孩子在长期疲惫的情况下得不到好的休息，反而会影响他在学校听讲的效果，往往得不偿失。

第三，不同的学习内容交叉进行。

大脑具有严格的分工，每个部分的皮层都各司其职。例如大脑的左半球具有高级的语言作用和认识分析工作的优势，对人的抽象思维、数学计算以及形成概念的能力影响比较强；右半球则对图形的空间感觉比较好。孩子在学习一种知识时，一部分的脑细胞在工作，而其余的脑细胞处于休息状态。如果不同的学习内容交叉进行，让大脑的一部分运作时，另一部分在休息，就能防止一部分脑细胞过于疲劳而使孩子精力不足情况的出现。

第四，供给充足的养分。

孩子在紧张学习时，会消耗大量的营养物质，如果得不到补充，会使大脑受到损害。丰富的蛋白质、维生素和矿物质可以保证大脑细胞的新陈代谢。所以，父母应该多为孩子准备肉类、禽类、蛋类和豆制品等食物，满足孩子的大脑需求。

第五，培养孩子观察的习惯。

观察会把孩子带进问题的世界。在孩子提问的过程中，他的思考能力就会得到锻炼和提高。

第六，认真回答孩子思考中提出的问题。

有些孩子爱琢磨事情，随后会提出一些问题，对孩子提出的问题，别以

第四章——开智导正：谦恭好学求发展

无聊或荒诞来定论，而应该认真加以对待。

第七，开发孩子的大脑。

人的大脑是智慧的发源地，充分开发孩子大脑的功能，会使他更加喜欢思考。左手和右手的协调对开发人的大脑很有好处，可以让孩子练习打字、弹琴、编织毛线、练左手书法等。

第八，经常让孩子领悟到事物的相对性。

绝对的东西一般不需要思考，也不容易引起思考的兴趣。在遇到外国人的时候，家长可以问孩子："在我们的眼中，对方是外国人，在外国人的眼中，我们是不是外国人呢？"还可以让孩子领悟到前后、左右、上下等都只有相对的意义。

第九，经常让孩子领悟到事物的可变性。

孩子们知道大熊猫喜欢吃箭竹，你可以告诉他，远古时代，大熊猫的祖先是食肉动物。孩子见到毛毛虫，会又害怕又厌恶，父母可以告诉他，美丽的蝴蝶就是丑陋的毛毛虫变的。这样不断地给孩子们指出同一件事物在不同时间、地点发生的变异，孩子们的视野就会逐渐开阔起来。

第十，进行科学启蒙。

家长要经常给孩子讲一些科学知识和科学家的故事，点燃孩子智慧的火苗，使孩子学会用科学的思维来观察、思考世界。

第十一，经常让孩子报告他的新发现。

如果孩子报告说"我发现火苗总是向上的""我发现木块在水里是漂浮的"等，父母应该热情地加以鼓励和表扬。如果孩子没有发现什么，就要经常启示他某个事物、某个现象，让他逐渐有所发现。

家风故事

蔡元培动脑找方法

蔡元培生性平和，从他很小的时候开始，母亲就对他寄予厚望。她经常给蔡元培讲一些前人孜孜求学、建功立业的故事，帮助他明白做人做事的道理。在蔡元培6岁的时候，母亲就把他送到了私塾去读书，希望他能学到更多的知识。

那时候，父亲刚刚去世，全家人的生计都落在了母亲一个人身上，生活非常艰辛。为了不影响蔡元培读书，每当夜幕降临，母亲都会点燃油灯，让蔡元培在温暖的灯光中复习功课。他看书的时候，母亲总会坐在旁边，她那殷切的眼神，无时无刻不传递着关心。蔡元培觉得，母亲的这些举动，像是一种无声的命令，督促着他更加用心地学习。有时候他学累了，不知不觉会倒在桌子上睡着。母亲也不叫醒他，而是吹灭了油灯，把他抱回到床上，让他好好地休息。

有一次，家里的灯油没了，母亲拿着仅有的一点钱，想要去买灯油。蔡元培阻止了母亲，对她说："我不用再熬夜看书了。我已经找到了一套很好的学习方法，能够在最短的时间里学会更多的知识，再也不用每天都靠挑灯苦读才赶上学习的进度了。所以，您不用再买灯油了。"

母亲将信将疑。他说："熬夜的时间正好浪费了休息的时间，休息不好，第二天学习肯定没精神，不能很好地消化老师讲解的内容。如果我把熬夜的时间都用来休息，第二天的学习会更有效率。在学校的时候，合理安排时间，好好学习，自然会学到更多的知识。"

母亲相信了他的话，没有去买煤油，省下了钱，买了可以填饱肚子的粮食。

其实，蔡元培说那些话的时候，只是想替母亲分忧。他知道家里已经没粮食了，如果再买灯油，全家人都要跟着他挨饿，母亲的心理压力会更大。所以，他才编了一套理论来骗母亲。为了让母亲信以为真，他每天都按照自己之前说过的方法来做，没想到学习效率真的变好了，学习成绩也有所提高。

后来，母亲也听说，科学用脑会更有利于孩子的学习，而最佳记忆时间是在早晨，她就每天早上叫孩子们早些起床，复习功课。

几十年后，当蔡元培回忆起当初那一段学习生活时，仍不忘感谢母亲。他说："很多个早晨，我从睡梦中爬起，背诵大段的诗文，解决前一天留下来的难题。"这是母亲教给他的学习方法，却让他受用一生。

激发孩子的学习兴趣

【原文】

子曰："知之者，不如好之者；好之者，不如乐之者。"

——《论语·雍也》

【译文】

孔子说："对于学问，懂得它的人，比不上爱好它的人；爱好它的人，又不如以它为乐的人。"

言 传 身 教

学习是人类传承文明的最重要的手段。学习可以使人获得丰富的知识，更可以开启人的智慧，使人思维无比活跃，从而给人带来无穷的乐趣。只要一个人全身心地投入其中，积极探索知识的奥秘，将会使人的精神感到非常愉快。这就像一次惊奇的探险，而且所探索的是没有尽头的知识世界。学习的乐趣只有爱学习的人才能享受，把学习作为一种负担的人无法体会得到。把学习作为一种责任，一种工具，一种让自己过上更好生活的人，也是无法体会的。让我们把学习看成是一件快乐的事，活到老，学到老，快乐到老吧。

无论是谁，持久地从事一项无兴趣的活动，不仅难以成功，而且有损身心健康。要使孩子适应环境，对生活充满热情，就要善于培养孩子的兴趣。广泛的兴趣，使人精神生活充实，并能应付多变的环境，兴趣使人充满欢乐。

在生活中，有很多家长经常发牢骚：孩子为什么对学习一点兴趣都没有呢？很多时候是因为我们没有发现孩子的兴趣所在，从而因势利导，让他们爱上学习。有些孩子先天就表现出了对学习的兴趣，就像孔子一样，那么我们就需要学习孔子的母亲颜征，充分发掘孩子的兴趣所在，并因势利导，让孩子爱上学习。而有些孩子，学习的兴趣则需要后天培养，那么我们又应该如何做，才能让孩子爱上学习呢？

第一，启发和引导孩子的求知欲。

小孩子特别爱问"为什么""这是怎么回事？"面对孩子千奇百怪的问题，很多家长都会显得不耐烦，不愿意理会孩子"无聊"的提问。可是，孩子的这些问题恰恰是求知欲的表现，家长不仅应该耐心地给予解释，还应该激发孩子继续探索的兴趣，利用孩子的好奇心，让其对学习产生兴趣。

第二，从游戏中发现孩子的兴趣。

游戏能够有效地促进孩子的智力发展，也能激发孩子对某些事物的兴趣。所以，让孩子"玩"绝不是浪费时间，关键是家长如何引导，让孩子在游戏中对学习产生兴趣。孩子开始做一件事情时，经常是只凭一时的好奇和热情，家长要引导他从兴趣出发，进行更深的思考和探索，从兴趣中获得科学知识，使其保持兴趣的长久性。因此，对孩子爱玩天性的扼杀和无条件的压制，是做家长的大忌。

第三，帮助孩子掌握高效能的学习方法。

如果孩子没有掌握高效能的学习方法，而是依靠"蛮力"来学习，不仅学习起来会很吃力，也会影响到学习的兴趣。所以家长应该经常帮助孩子总结经验，找到适合他们的高效能学习方法，让他们体会到学习的快乐，从而爱上学习。

第四，学会鼓励孩子。

在学习的过程中，孩子难免会遇到各种各样的难题。如果难关无法顺利通过，孩子会怀疑自己的能力，逐渐对自己失去信心，并且对学习产生厌烦心理。所以，当孩子面临难题的时候，家长应该适时地给予鼓励，让其有信心突破难关。即使问题没有最终解决，也要让孩子明白，一时的失败不算什么，以后继续努力，一定会做得更好。

家风故事

孔母智慧教子

孔子天资聪颖，母亲教给他的东西，可以说能够做到过目不忘。当孔子6岁的时候，"为儿嬉戏，常陈俎豆，设礼容，演习礼仪。"（《史记·孔子世家》)孔子的举动，母亲看在眼里，喜在心上。于是，颜征先在语言上有意地明确引导儿子的某种发展方向，她知道学习的最好导师是兴趣，就暗中观察孔子最喜欢的是什么。

孔子住的地方与宗府相隔不远，每到祭礼的时候，颜征都会想办法让自己的两个儿子去参观。祭祀的仪式冗长乏味，即使有人感兴趣前去围观，可是都耐不住太长时间的煎熬，在祭礼举行不久便都离开了。孔子的哥哥也对观摩这种枯燥的东西很不耐烦，可是孔子却看得津津有味。回家以后，孔子就迷上了祭祀，经常会收集一些盆盆罐罐来逐节戏演，寻找一切有利之物来模仿祭礼，也有上香、献爵、祭酒、行礼、读祝等活动。

母亲看出了他的心思，便故意问他："你每天都在模仿祭礼，是不是以后想当郊祭大典的庙官？"

孔子回答说："我不是想做庙官，而是想像父亲那样，做一个人人敬仰的大夫。"

母亲好奇地问："既然如此，你又为何每天都认真地陈俎豆，设礼容呢？"

孔子说："我是想学习别人的礼仪，将来好从政治国，辅佐明君。"

母亲看到孔子有如此志向，便想送他去上官学。官学是官府设立的学校，所收的学生都是一些有身份有地位人家的孩子。当时孔子家的日子虽然清贫，可是因为他的父亲曾经是大夫，所以他的孩子具有进入官学读书的资格。

孔子上学以后，母亲很怕他失去学习的兴趣，就对他说："孩子啊，你一旦进入了官学，就是一个学生了。学生的主要责任就是学习，你可千万不能因为贪玩而忘记自己的责任啊！"

孔子听了，一再向母亲保证，自己入学以后会用功读书，以后做一个有出息的人。这样，母亲既让孔子没有了偷懒的退路，又让他认识到了自己的责任。在这个基础上，母亲又在教学工具和教学模式上下了一番功夫，每天都用不同的方法考验孔子，跟他交流学到的知识，让他的学习兴趣越来越浓。

善于挖掘学习潜力

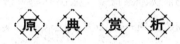

【原文】

玉不琢，不成器。人不学，不知义。

——《三字经》

【译文】

玉石不经雕琢就不成器具，人如果不学习就不会明白道理。

言 传 身 教

对于人的大脑潜能开发也一样，如果能不断地对自己输入积极的意识，让意识通过下意识对大脑提出要求，潜意识就会调动体内的潜能发挥作用。其实很多人都有这样的经验，比如，有一道题苦思冥想都没有做出来，在睡前将有关的条件、信息输入大脑，第二天早上起来，说不定答案就出来了。家长可以通过下列方法去激发孩子的学习潜能。

第一，情感法。

在孩子的情感世界里，家长需要为孩子的心灵灌注充满阳光的爱心，为孩子提供丰富多彩的生活环境，才能将孩子自身潜能的屏障揭开。比如家长可以经常带孩子去贴近大自然，丰富孩子的感情世界，从而让其有个好心情。孩子有了好的心情，就会自觉地输入积极因素，从而调动潜意识进行工作。

有人发现天才其实没有秘密，天才的突出表现就是自身潜能比一般人开发得多一些早一些而已。天才的诞生主要源于他们幼年时期丰富多彩的生活环境，他们父母无私的关爱使他们获得了较好的心灵阳光。如莫扎特出生在一个音乐世家，很小的时候就听他父亲演奏音乐，在他的周围有许多乐器。他五岁时就能演奏小提琴，并且还用小提琴作曲。在八岁时谱写了他人生中的第一部交响乐。

在孩子的成长中，要让孩子的心灵洒满爱的阳光，让快乐健康的生活情趣充满孩子的情感世界，让孩子始终有个好心情，这对孩子的成长显得尤其重要。

第二，开窍法。

孩子身上的潜能可以用青藏高原上的高山湖来比喻。高山湖的水位比雅鲁藏布江高出几百米，如果从高山湖的周边打通一个山洞，把水引出来发电的话，将是取之不尽用之不竭的无污染能源。但实际上高山湖所具有的只是潜能，被开发利用还没有成为现实能，就现实能而言高山湖的湖水与海平面的水是完全一样的。实现能量的突破关键在"窍"，就是让湖水有流出来的孔洞，就是在山上开窍，开了窍以后高山湖水的能量就能被充分地利用起来。而孩子大脑中的潜能也为各种所谓的"高山"所阻隔，被世俗的偏见、自卑、懒惰等消极因素制约着。

让孩子"开窍"就是开发孩子智力。孩子探索欲旺盛，对任何事情都充满了强烈的好奇心，他们就很容易接受一些新奇有趣的事物。孩子的心智主要是在活动中得到发展，在游戏活动中实现"开窍"。

孩子最喜欢的活动就是游戏，在游戏中每个人都要充当一定的角色，表演这样那样的动作。他要说要做，为了能说好做好，就得动脑筋好好想，这就促成语言和思维能力的相互发展。特别是一些带有竞赛性和受时间限制的游戏，更能培养孩子的敏捷性和灵活性。训练孩子口头语言的完整性和清晰性，也是使孩子开窍的极好方法，如即兴说唱法。所谓即兴说唱，就是让孩子在高兴时，随他的情趣所至，见什么说什么，说什么就顺口唱什么。孩子是爱说爱唱的，他对什么事情都会感到新鲜，受好奇心的驱使，对所遇到的新事物，都愿问问说说，说得高兴了就会哼唱起来。这种连说带唱的方式，能够训练他的观察力、思考力和想象力。孩子能说唱得顺口完整，就标志着他的思路清晰明确。所以，做父母的应在日常生活中，想办法启发和鼓励孩子的即兴说唱，训练孩子具有随机表达自己情趣的能力。

第三，遐想法。

牛顿万有引力的发现就是牛顿坐在苹果树下遐想的结果，而爱因斯坦相对论的诞生也与遐想有关。一个炎热夏天的午后，爱因斯坦出来散步休息，看到满山坡长满了葱绿的青草，禁不住找到一个树荫躺了下来，惬意地眯起了眼睛，透过激闲的眼睑，凝视着太阳，玩味着通过睫毛而来的光线。当时他开始想知道沿着光束行进会是什么样子，他就像进入了梦境一样，全身放松地躺在那里，他的思绪任意地遨游在光线中，幻想着他自己正沿着光束行进。突然他意识到这正是他一直苦思冥想所探求的问题答案，这个意识正是相对论的精髓。

第四，砥砺法。

一粒种子里所蕴含的生命力是非常巨大的，在它发芽生长的时候即使上面压着一块沉重的石头，种子也可以顽强地将石头顶起、掀翻。而且石头的重量越大，种子的力量也就越大。因此，开发孩子潜能的时候也可以采用砥砺法，根据孩子的特点来设置合适的困难，让孩子通过努力不断克服困难，不断激发大脑中神经元之间的突触，产生征服困难的内在兴奋感。

家 风 故 事

傅聪学琴

傅聪是我国著名翻译家傅雷的长子，世界著名的音乐家。他成名以后，每当人们问及他是怎样走上音乐这条路的时候，他都会说是受了父亲的影响，父亲是他的第一位老师。那么，傅雷是怎样指引孩子在音乐的海洋中披荆斩棘、乘风破浪的呢？还在傅聪很小的时候，傅雷就发现了他的音乐天赋。但这并不是一个一帆风顺的过程，而是经历了一番曲折。

傅雷对子女的教育方式很独特，他觉得每一个人都有自己的天赋，只有挖掘出每一个孩子的天赋，才能让他们在这个领域里做得更好。在傅聪小的时候，傅雷想让他学习绘画，因为自己精通美术理论，还有很多这方面的朋友。如果傅聪能够拜那些人为师的话，博采众家之长，以后必定能够在这方面有所作为。可是，傅聪并不是画画的"料"，他在学画的时候三心二意，画出来的东西也经常是"四不像"。为此，傅雷特别头疼，他一直在为儿子的未来担心。

"既然绘画不是孩子的特长，总会有其他的事情是他感兴趣并且能做好的吧！"傅雷想。他经常观察孩子，发现儿子对家里的那架手摇留声机特别感兴趣。每当留声机在放音乐的时候，他总是一动不动地坐在旁边听，丝毫不见平时的调皮。经过一番思考，傅雷决定让儿子放弃画画，改学钢琴。虽然这时候傅聪已经 7 岁了，但是通过几个月的学习，他就能背对着钢琴听出每一个琴键的绝对音高，得到了辅导老师的肯定。

自从与钢琴结缘以后，傅聪如鱼得水，每天放学回家做完功课，就会跑到书房开始练琴。他的弹奏技巧，如果不是亲眼见到，很难相信这是一个不满 8 岁的孩子弹出来的。当然，他在钢琴中的良好表现，跟父亲循循善诱的教导方式不无关系。

有一次，傅聪弹得正起兴，心里突然有了灵感，跳开了琴谱，按照自己的想法奏出了调子。在楼上工作的父亲，从琴声中察觉出了异样，便轻轻地走下来。傅聪以为父亲要批评自己，赶紧回到了琴谱上。没想到，父亲不仅没有怪他，还让他把刚才的自奏曲再弹一遍，并且亲自用空白的五线谱把曲调记录了下来，说这是一首很好的创作，还特地给它起了一个题目，叫《春天》。

在父亲的鼓励下，傅聪的琴技进步飞快。1954 年，国家派遣傅聪到波兰参加钢琴比赛。经过了一个月的角逐，他摘取了第五届国际肖邦钢琴比赛的"玛祖卡"奖。比赛结束后，傅聪留在了波兰继续学习钢琴。当时，他对波兰的环境特别满意，心想，如果能一直留在这里学习，那是一件多么幸福的事情啊。可是，年轻人的心就像是六月的天，说变就变，还不到半年，他就想从波兰转学去苏联。傅雷听说后，非常反对他的这一决定，并给他写了一封长信，劝诫他一定要做理智的权衡，并且说："亲爱的孩子，听我的话吧……20 世纪的人更需要冷静的理智，唯有经过铁一般的理智控制的感情才是健康的，才能对艺术有真正的贡献。"

傅聪听了父亲的教诲，克制了转学的冲动，继续留在波兰学习音乐。几年以后，他终于成为享誉世界的钢琴家。

培养孩子阅读的兴趣

原典赏析

【原文】

博学：谓天地万物之理，修己治人之方，皆所当学。然亦各有次序，当以其大而急者为先，不可杂而无统也。

——《朱子语类》

【译文】

博学：就是指对天地万事万物的道理、修养自己的品德和管理老百姓的方法，都应当学习。但这也有先后次序，重要的、急迫的要先学，不能杂乱无章不得要领。

言传身教

读书，就像蜜蜂采蜜，只有采过许多种花蜜，才能酿出香甜可口的蜂蜜。如果只围着一种花转，得到的东西就十分单一，由于原料有限，酿出的花蜜也不会有独特的味道。因而，博览群书才能达到人们常说的“博采众家之长”。

每一种书都有其独特的价值和意义，我们可以从不同类型的书中汲取丰富的营养，如从名人的传记中，学习怎样培养自己；从科学类书籍中，学习如何锻炼我们的思维能力；从励志类书籍中，学习如何解决困难、逆势进发；从优秀的古典文学中，学习修身正气、陶冶情操、完善自我的美好品格。英国文艺复兴时期重要的哲学家弗朗西斯·培根有句名言说：“读史使人明智，读诗使人聪慧，数学使人精密，哲理使人深刻，伦理学使人有修

养，逻辑修辞使人善辩。"这也告诉我们：读书应该博览群书，才能从多方面汲取营养，才能不断拓展自己的视野，提升自己的能力。

广泛涉猎、博览群书对培养一个人观察、认识、分析事物的能力，树立正确的世界观、人生观有着重要的作用。读书多了，就会使人眼界更加开阔，更加善于思考问题，更具有创新精神。

通过阅读，可以把孩子引入一个神奇、美妙的图书世界，使他们的生活更加丰富多彩、乐趣无穷。同时，还可以使孩子从书中获得人生的经验。因为人生短暂，不可能事事都去亲身体验，书中的间接经验，将有效地补充个人经历的不足，增添生活的感受。

让孩子爱读书、会读书并形成习惯，父母应做到以下几点：

第一，父母首先要有阅读习惯。

父母有阅读习惯，这是一种潜移默化的影响，因为孩子会不断地询问："书里到底有什么有趣的故事？"如果父母不读书，却想让孩子读，他就会说："你们都不看书，为什么要让我看？"

第二，激发孩子的阅读兴趣。

在家中摆满各种有趣的书籍，让孩子可以顺手拿来翻看与欣赏。不过可别忘了及时给予鼓励。要使阅读成为孩子生活中不可缺少的内容，使阅读成为一种享受而不是负担，这需要身教。如若父母视阅读为生活乐趣的一部分，孩子自然会乐于读书。父母经常津津有味地读书看报，对诗书报总是兴趣盎然，孩子便会觉得读书一定很有趣，于是对书籍充满着好奇，吸引他们阅读书籍的兴趣。

第三，要把读书作为一项消遣活动。

在轻松的气氛下，安排一小段时间，与孩子一起读几分钟书。可在外出时带上一两本书，在公园里，在郊外，在河边，在清新的空气中，在鸟语花香的环境里，与孩子一起读上几段书。这样，自然而然地把孩子引入图书世界，使读书成为孩子的消遣活动。

第四，帮助孩子选择好书。

教育学家认为，孩子需要那些与他们的年龄、兴趣及能力相适宜的图书。所以专家建议，父母可以让孩子多接触不同方面的读物，如报纸、杂志乃至街头标语广告、商品包装等。通过这些文字读物会让孩子懂得：语言文字在生活中是非常重要的。

第五，与孩子一起阅读。

在孩子能独立阅读以后，仍坚持同他们一起阅读。很多专家建议，同孩子一起阅读，至少要坚持到他们小学毕业。大部分孩子在 12 岁以前，其倾听理解能力要比阅读理解能力强，所以，父母为他们念书比他们独立阅读收益会更大。

第六，让孩子带着问题阅读。

在孩子阅读过程中，父母应先抽出时间，看看孩子要看的书，提一些问题写在纸上，让孩子仔细阅读，然后回答问题，这样可以避免囫囵吞枣。

第七，配合看一些名著鉴赏作品。

在孩子看了一定量的名著后，可以引导孩子看一些名著鉴赏作品，看看别人对名著的评价是什么？跟孩子一起聊聊，看过的书都写了些什么，有哪些特点，这样孩子就会从读过的书中慢慢受益。

家 风 故 事

苏洵教子爱读书

苏轼小时候非常顽皮，贪图玩乐，不思学习。父亲苏洵晓之以理、动之以情，然而这样细雨和风似的说教对他根本不起作用。尽管如此，苏洵依然没有采取"棍棒式"的强制教育方式，而是从孩子的好奇心入手，激发苏轼的求知欲。

每当苏轼玩耍时，苏洵就躲在他们能看得到的地方，找一本书来认真地读，俨然一副被书吸引的模样。但是只要苏轼一靠近，他就会把书"藏"起来。苏轼发现了父亲的这一"怪现象"，以为他瞒着自己看什么好书，就费尽心机地找来看。渐渐地，他把读书当成了乐趣。

有时候，苏洵会把自己游学的经历编成故事，讲给苏轼听。讲到引人入胜时，就说父亲还有其他的事情要做，没有时间给你讲那么多，等下一次有时间再给你讲吧。这样几次，搔得苏轼心里痒痒。看他着急，苏洵就顺水推舟地说："其实很多故事在书里面都有记载，你如果等不及，可以先找一些书来看。"苏轼刚开始有一些顾虑，担心自己读不懂。苏洵说："你试试吧，遇到不懂的地方，就来问我，我来给你讲解。"苏轼听了父亲的话，就开始试着读起不同的书来。

读书不是一个很难融入的过程。等到苏轼读的部分超过了父亲，父亲就会经常假装没时间看，又表现出急于想知道后面的内容讲的是什么的样子，于是就让苏轼把自己看到的内容讲给他听，他们父子二人共同讨论一些有趣的事情。这样，苏轼就越来越喜欢读书了。

在苏轼 12 岁那年，苏洵游学四川。年幼的苏轼听父亲讲，在赣州天竺寺有白居易亲笔书写的一首诗，笔势奇异，墨迹如新，诗云：

一山门作两山门，
两寺元从一寺分。
东涧水流西涧水，
南山云起北山云。
前台花发后台见，
上界钟清下界闻。
遥想吾师行道处，
天香桂子落纷纷。

这首联珠叠璧式的古诗，加深了苏轼对赣南地区的神往。然而赣州远离发达的中原地区，偏居于赣江源头的青山翠岭中，在当时的人们心中，那是一个荒蛮不达的南国边疆，再加上唯一可行的赣江水路滩多水急，要走进那个地区，实在是一件极其不容易的事情。

然而，一个人的好奇心被激起之后，就会想要了解更多。于是，苏轼找到了很多关于赣南地区的书籍，特意了解了当地的山水风光、风俗人情。

在父亲的引导下，苏轼充分感受到了读书的乐趣，并且积累了很多知识，为他在诗、词、文、书、画等方面打下了坚实的基础，最终成了远近闻名的一代文学家。

培养专心致志的精神

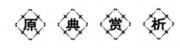

【原文】

读书：整容定志，看字断句，慢读，务要字字分晓。毋得目视他处，手弄他物。

——《养正类编·屠义英童子礼》

【译文】

读书要专心致志，一字一句，慢慢地读，务必要字字都分得清。不能眼睛看着其他的地方，手里摆弄着其他的东西。

言 传 身 教

怎样才能做好一件事呢？除了技术、思想纯熟之外，最重要的就是要专心。专心，才能够心无旁骛，才能够全神贯注，不为外物干扰，才能最大限度地发挥出自己理想的水平。古代有个卖油翁，倒油的时候，他把一枚铜钱放在油瓶口上，油完全从铜钱眼儿中流过，一点儿也没弄脏铜钱，原因就在于他的专注。

对于孩子的学习而言，专心同样是不可或缺的。有专家做过类似的调查，人与人之间的先天智商差距并不大，但是如果专注度有高有低，取得的成绩就大有不同。如果孩子能够在学习的时候完全集中自己的注意力，聚精会神，那么他的学习效率比那些三心二意的孩子要高出许多倍，成绩自然上升得快。因此家长在教育孩子的时候，应该让孩子在学习的时候尽情地学，玩耍的时候尽情地玩，尽量提高孩子的专注度。那么家长怎么做才能够培养孩子的注意力，让孩子在学习中专心致志呢？

第四章 开智导正：谦恭好学求发展

第一，为孩子营造一个安静的学习环境。

比如，吃完晚饭后，孩子在写作业时，家长要保持环境的安静，电视不可以开太大声，也不要大声交谈，更不能时不时去打扰孩子。有的家长就经常犯这种错误，他们在孩子学习的时候喜欢在孩子身边走来走去，一会儿告诉孩子要好好写，一会儿问孩子吃不吃水果，要不要喝水，这样只能分散孩子的注意力。另外，孩子的书桌上除了摆放文具和书籍以外，尽量不要摆放其他物品，以免分散孩子的注意力。

第二，对孩子讲话不要总是重复。

有些父母担心孩子记不住，一件事来回地说上好几遍，这样孩子就难以集中注意力。当老师在课堂上对问题只讲解一遍时，孩子有可能没有记住，这样漫不经心的听课常使得孩子不能很好地理解老师讲的内容，无法遵守老师的要求，自然也就谈不上取得好的学习效果。因此，父母在给孩子交代事情的时候尽量只说一遍，以增强孩子的注意力。

第三，鼓励孩子做他感兴趣的事情。

对于孩子的家庭作业，父母可以为他们制订计划，可以让孩子做完一门功课之后稍微休息一会儿，尽量别让孩子太过疲劳。另外，孩子在做自己感兴趣的事情时，往往能够集中注意力。比如一个喜欢钓鱼的孩子，平时可能三分钟都坐不住，然而他在钓鱼的时候却能眼睛一眨不眨地盯着鱼线，坐上个把小时都没问题。因此，家长要注意通过让孩子做一些自己感兴趣的事情来帮助他集中注意力，提高专注度。

第四，可以通过玩游戏的方式训练孩子的注意力。

几乎每个孩子对游戏都有着强烈的兴趣，游戏能够让孩子乐在其中，从而在一定时间内保持孩子高度集中的注意力。斯特娜夫人培养女儿集中注意力的方法就是游戏法。

然而每个年龄段的孩子注意力集中的时间长短是不同的，他们抵抗外界干扰的能力也是不同的。研究显示：两岁的孩子，注意力集中的时间长度平均为七分钟；四岁的为十二分钟，五岁的为十四分钟。随着年龄的增大，孩子们就会懂得分配自己的注意力。因此，家长要懂得循序渐进，要耐心培养孩子的注意力，不必开始就要求孩子必须达到完全不受干扰的境界。

用心做事会更好

清晨，住持方丈奕尚禅师从禅定中起身时，寺里刚好传来阵阵悠扬深沉的钟声，整个山谷似乎动荡起来。禅师凝神侧耳聆听良久，等钟声一停，便忍不住召唤侍者，问道："今天早晨敲钟的人是谁？"侍者回答道："是一个新来参学的小沙弥。"奕尚禅师点了点头，吩咐侍者将这位小沙弥叫来。

奕尚禅师问这个敲钟的小沙弥："你今天早晨是以什么样的心情在敲钟呢？"

小沙弥不知奕尚禅师为什么要特意见他，更不知道为什么要这么问他，忐忑不安地回答道："没有什么特别的心情，只是为敲钟而敲钟而已。"

奕尚禅师说道："这不是你的心里话吧，你在敲钟的时候，心里一定念着些什么。因为我今天听到的钟声，是非常高贵响亮的声音，只有虔诚的人，才能敲出这种深沉博大的声音。"

小沙弥想了又想，认真地回答道："其实也没有刻意念着，只是我平常听您教导说，敲钟的时候应该要想到钟即佛，必须要虔诚、斋戒，敬钟如敬佛，用犹如入定的禅心和礼拜之心来敲钟。就是这样而已。"

奕尚禅师听了很是高兴，他进一步提醒这个小沙弥，说道："以后处理事务时，都要保持今天早上敲钟的禅心，将来你的成就会不可限量！"

后来，这位小沙弥一直记着奕尚禅师的开示，保持敲钟的禅心，终于成为一名得道的高僧，他就是后来继承奕尚禅师衣钵真传的森田悟由禅师。

王充书市读书

王充是东汉时期著名的思想家，从小酷爱学习，十四岁时就被推荐到京师的太学去学习。一年后，学府中的藏书都被他读完了，他便挤时间到书市上去读书。书市中人来人往，熙熙攘攘，而王充就像没听见一样，只顾专心致志地读书，以至于忘记了吃饭，忘记了休息。卖书的老人被他的精神所感动，当他得知这个孩子就是王充时，高兴地说："你以后尽管来这里读书好了。"并专门为他准备了一个凳子。后来，博学的王充终于写成了中国思想史上的一部巨著《论衡》。

善于制订学习计划

【原文】

子曰："吾十有五而志于学，三十而立，四十而不惑，五十而知天命，六十而耳顺，七十而从心所欲，不逾矩。"

——《论语》

【译文】

孔子说："我15岁就有志于学业，30岁而能学成自立，40岁能相信一切事理，不再迷惑，50岁懂得了万事都由天命，60岁什么话都能听进去了，70岁随心所欲，所想的一切都不会超过规矩。"

言 传 身 教

这几句话勾勒出了孔子的一生。而这正揭示了一个成功人士在人生各个阶段应该达到的目标：少年发愤学习；30岁左右成家立业；40岁左右有自己的信念，不再迷惑；50岁左右要知道世上的当然之故和必然趋势；60岁左右要达到内外相通的境地，对各种意见都能正确地理解和对待；70岁左右对社会的法则能运用自如，精神进入自由的王国。

不同年龄的人，读了夫子的这番言论，都会别有一番滋味在心头。

有关专家曾就学习方法对许多优秀孩子进行了访谈研究，同时对广大父母学习辅导情况进行了调查问卷，总结了一个优秀的学习方法。这个有效的学习方法就是：按计划完成。

为什么强调要按计划完成呢？

原因有三：一是生活的秩序为学习提供有利条件，设定目标，按照计划，有条不紊地进行，就可以将一个人的心态调整到最佳状态；二是不断"完成"，逐渐形成方法后，最后证实并不断增强孩子的自信心，有了扎扎实实的自信心，什么困难都不在话下；三是成功"完成"，这可以不断激发孩子的学习潜能，潜能只有在从容不迫的情况下才能被激发出来。

按计划完成的方法培养要求做到以下几点：保证睡眠，有了充足的睡眠，才能保证身体的正常发育，才能为学习提供充沛的精力和清醒的头脑。无论如何，要保证小孩子每天 10 个小时的睡眠时间，初中生 9 个小时的睡眠时间，高中生 8 个小时的睡眠时间。订立计划，家长与孩子共同约定每天的"专门时间"和"自由时间"。孩子的自控力较差，所以需要父母和孩子一起制订好周计划和日计划，规定"学习专门时间"和"游戏专门时间"，同时也要给予孩子一定的"自由支配时间"。所谓自由支配是指完全由孩子自主选择。家长帮助孩子培养每天睡前十分钟小结的习惯。

家 风 故 事

丁谓巧思建皇宫

火海肆虐烟雾漫天，吞噬了雄伟巍峨的宫室楼台，吞噬了金碧辉煌的殿阁亭榭……几天几夜之后，那里变成了一片断壁残垣。这是 1015 年发生在北宋皇宫里的一场罕见的大火。

在废墟上，宋真宗叹息道："没有皇宫，如何上朝，如何议政，如何安居呢？"他叫来宰相丁谓，令他负责皇宫的重建工作。丁谓接受任务后，在废墟上走来走去。他为遇到的三件难办的事而感到苦恼：一是盖皇宫要很多泥土，可是京城中空地很少，取土要到郊外去挖，路很远，得花费很多的劳力与物力；二是修建皇宫还需要大批建筑材料，都需要从外地运来，而汴河在郊外，离皇宫很远，从码头运到皇宫还得找很多人搬运；三是清理废墟之后，很多碎砖破瓦等垃圾运出京城同样很费事。

路过临时搭的一个小木棚，丁谓见有个小姑娘在煮饭，趁饭还没煮熟，她又缝补起被火烧坏的衣服。丁谓想："她倒真会利用时间呀！"忽然他灵机一动：办事情要达到高效率，就要时时处处统筹兼顾，巧妙安排好财力、物力、人力和时间。

经过周密思考，他提出了一个科学的方案：先叫民工们在皇宫前的大街上挖深沟。挖出来的泥土即做施工用的土，这样就不必再到郊外去挖了。过了一些时候，施工用土充足了，而大街上出现了宽阔的深沟。

忽然一股汹涌的河水，从汴河河堤的缺口中奔将出来，涌向深沟之中，等汴河的水和深沟中的水一样平后，一只只竹排、木筏及装运建筑材料的小船缓缓地撑到皇宫前。丁谓站在深沟前笑了。没费多大力气，就一举解决了两道难题。

一年后，宏伟的宫殿和亭台楼阁修建一新。这一天，汴河河堤的缺口堵住了，深沟里的水排回汴河之中。待深沟干涸时，一车车、一担担瓦砾灰土又填到了深沟之中，这样一来，一条平展宽坦的大路重又静静地躺在皇宫之前……

勤学苦读是良方

【原文】

古人勤学，有握锥投斧，照雪聚萤，锄则带经，牧则编简，亦为勤笃。

——《颜氏家训》

【译文】

古代有许多勤奋好学的人，有的人用锥子刺大腿保持清醒；

有的人把斧子扔到树上发誓外出求学；有的人在晚上借助雪光勤奋读书；有的人用袋子收聚萤火虫用来照读；有的人连种地时也随身带上经书；有的人利用放羊的机会摘蒲草做成小简，用来写字。他们都是勤奋好学的人。

言 传 身 教

不管做什么，不管学什么，我们要成功，就得注重培养自己勤奋的习惯。

钱钟书从小就聪明过人，记忆力惊人。他进清华大学读书时，就立下了"横扫清华图书馆"的志向，他把大部分的时间都用到了读书上。钱钟书的同学许振德在《水木清华四十年》一文中说："钟书兄，苏之无锡人，大一上课无久，即驰誉全校，中英文俱佳，且博览群书，图书馆借书之多，恐无人能与钱兄相比者，课外用功之勤恐亦无其匹。"许振德后来在另一篇文章中又说钱钟书"家学渊源，经史子集，无所不读；一目十行，过目成诵，自谓'无书不读，百家为通'。钱钟书在清华大学上学时，一周读中文经典，一周阅欧美名著，交互进行，四年如一日。每次去图书馆借书还书，总是抱着五六巨册，走路时为节约时间总是连奔带跑。他每读一本书时，必作札记，摘出精华，指出谬误，供自己写作时连类证引。据传清华藏书中画线的部分大多出自他的手笔。他的博学，使他不再是老师的学生，而成了老师的"顾问"。吴宓教授就曾推荐他临时代替教授上课，因为所有课上涉及的文学作品他全都读过。

钱钟书过目不忘、博学多识的天才气质着实令人羡慕，然而，这些都离不开他的勤奋刻苦、不懈努力。我国的学术大家季羡林老先生曾经说过，"勤奋出灵感。缪斯女神（古希腊神话中科学、艺术女神的总称）对那些勤奋的人总是格外青睐的，她会源源不断给这些人送去灵感。"

当然，在学习上，勤奋不仅包括了学习时的态度，也包括学习专业知识时注重的深度和广度，还包括广泛涉猎教科书以外的知识能力。一个勤奋的人能够自觉地去学习他想要的知识。

那么，怎样来培养勤奋的习惯呢？

建议一：用立志激励自己勤奋。

俗话说："有志者事竟成。"一个人如果树立了远大的志向，他就能够

第四章

开智导正：谦恭好学求发展

用这个志向去激励自己勤奋进取，从而实现自己的志向。然后，给自己设定一个切实可行，而又有一定难度的目标，并在学习过程中不断提醒、鞭策和鼓励自己，自然而然地，就会变得勤奋。

建议二：严格要求自己。

养成早起的习惯，合理地安排自己一天的学习时间，并且严格地贯彻执行。另外，给自己一些奖励，比如达到了设定标准就能得到什么。这样也能刺激自己持之以恒地勤奋用功。

家风故事

钟繇苦练书法

天道酬勤，有多少付出就有多少收获，自古名人成功亦是如此。钟繇苦练书法三十载，一直被人们传为佳话。

钟繇在学习书法艺术时极为用功，有时甚至达到入迷的程度。据西晋虞喜《志林》一书载，钟繇曾发现韦诞座位上有蔡邕的练笔秘诀，便求韦诞借阅给他，但因书太珍贵，韦诞没有给他，虽经苦求，韦诞仍然不答应。后来，钟繇情急失态，捶胸顿足，以拳自击胸口，伤痕累累，这样大闹三日，终于昏厥而奄奄一息，曹操马上命人急救，钟繇才大难不死，渐渐复苏。尽管如此，韦诞仍坚持己见，不理不睬，钟繇无奈，时常为此事而伤透脑筋。直到韦诞死后，钟繇才派人掘其墓而得其书，从此书法进步迅猛。

另据《书苑菁华》记载，钟繇临死时把儿子钟会叫到身边，交给他一部书法秘术，而且把自己刻苦用功的故事告诉钟会。他说，自己一生有三十余年时间集中精力学习书法，主要从蔡邕的书法技巧中掌握了写字要领。在学习过程中，不分白天黑夜，不论场合地点，有空就写，有机会就练。与人坐在一起谈天，就在周围地上练习。晚上休息，就以被子做纸张。时间长了，被子都被划了个大窟窿。见到花草树木，虫鱼鸟兽等自然景物，就会与笔法联系起来，有时去厕所，竟忘记了回来。这说明钟繇的书法艺术确实是自己勤学苦练的结果。在苦练的同时，钟繇还十分注意向同时代人学习，如经常与曹操、邯郸淳、韦诞、孙子荆、关枇杷等人讨论用笔方法。

钟繇不但对自己要求严格，对于弟子门生也同样从严要求。据说钟繇的弟子宋翼学书认真，但成效不大，钟繇当面怒斥，令宋翼三年不敢面见老师。最后学有所成，名噪一时。对于儿子钟会，钟繇也常常苦口婆心，百般劝诫，钟会最后也取得了巨大成就，钟繇、钟会父子被人们称为"大小钟"。自古以来，勤奋者多有成就。这是因为，"勤能补拙是良训，一分辛苦一分才"。

让好书与孩子为伴

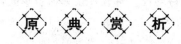

【原文】

子孙虽愚，经书不可不读。

——《朱子家训》

【译文】

子孙后辈即使天资愚钝，《诗经》《尚书》《礼记》《周易》《春秋》等经典之作也不能不去阅读。

言 传 身 教

"经子通，读诸史。考世系，知终始。"这句话的意思是经书和子书读熟了以后，再读史书。读史时必须要考究各朝各代的世系，明白它们盛衰的原因，才能从历史中汲取教训。读史有一个前提和要求，就是必须熟读儒家经典，大致把握儒家以外的其他诸子的重要学说。以此为基础，就可以在读史之前、读史之中，逐渐形成一套比较可靠的标准，来分辨历史事件和历史人物的善、恶、功、过，来判定哪些是我们应该汲取的经验，哪些是我们应该警惕的教训。

历史既不是文学也不是科学，但有其自身的规律，有其特定的原则与方法。唐太宗说："以铜为镜可以正衣冠，以人为镜可以知得失，以史为镜可以知兴替。"中国具有五千年的文明史，历史的发展、朝代的更替都有它的原因和规律，而史书正是历史的记录者和承载者，它记载着一国兴亡的大事，后人读史可以从中考察历代王朝传承的世系，明白各国政治上的利弊得失和治乱兴亡的原因，给自己一个警惕，从中吸取经验教训并且为我所用。

笛卡尔说："读一切好的书，就是和许多高尚的人说话。"书可以陶冶人的性情和气质，使人变得高尚起来；书可以使人变得幸福起来，使生活变得轻松而舒适。有人为了求知而读书，有人为了完善自己而读书，有人为了造福社会而读书，也有人为了光宗耀祖而读书……如此种种，便出现了"书中自有黄金屋，书中自有颜如玉"之说，也出现了"开卷有益""读万卷书，行万里路"之说。

知识就是力量。那知识从何而来呢？很简单，主要从书中来。因此，父母一定要千方百计引导孩子养成爱读书的好习惯。那父母该如何引导呢？两个字：培养。

在这个信息日新月异的时代，大量的信息需要接收和处理，阅读能力成了人们必须具备的一项基本素质。而对于孩子们来说，养成良好的阅读习惯，就意味着拥有一块磁铁，随时可以汲取书本中的宝贝。

由此可见，读书不仅能够增长知识，而且可以塑造良好性格和气质。

培养孩子阅读习惯的最佳时间应该是在孩子上学的时候，缤纷的童话世界对那个年龄的孩子是最大的诱惑，孩子的兴趣自然便通过童话落在书本上。如若孩子能够做到这一点，书就成了孩子真正的亲密伙伴，陪伴孩子一生。

可惜，多数父母没有意识到这一点，他们通常是等到孩子已经上了小学，学习吃力，作文写不出来时才开始着急。

经调查研究表明，学习能力强的孩子差不多都爱看书，大量的阅读使得他们理解能力较强，知识面较广，感觉心里很充实，生活习惯较好，适应能力较强，不会对某一种行为过分沉溺；与此相反，那些沉迷于游戏机虚拟的世界不能自拔的孩子，绝大部分不喜欢看书，他们内心空虚，性情浮躁，没有明确的人生目标。从这个角度讲，阅读是孩子成长的一面旗帜。

是否有良好的阅读习惯，不仅关系着孩子的学习能力，而且对孩子一生的幸福都影响巨大。

生活中，希望培养孩子阅读兴趣的家长很多，但多数都不知道该从哪里下手。特别是现代社会中能吸引孩子兴趣的活动种类丰富，有各式各样的玩具，各式各样的游戏等。安静的文字与变化纷呈的游戏比起来，自然不能抓住孩子的眼球。对于父母来说，单单扔给孩子一本书，然后企图让孩子自己建立阅读习惯，显然是行不通的。

另外，当孩子自己选择阅读对象时，父母不要进行干涉，不要把自己的阅读取向强加于孩子身上。父母可以通过与孩子一起享受阅读的喜悦，培养孩子的阅读兴趣。要使阅读成为孩子生活中不可缺少的内容，使阅读成为一种享受而不是负担。同时要注意孩子在不同年龄阶段有其特定的阅读方向。比如，年龄小的孩子，喜欢看童话，慢慢地，随着年龄的增加，他才可能会看散文、小说或诗歌、科普类的读物。

父母想引导孩子某一方面的阅读兴趣，也不是不可以，比如前文提到的那位喜欢传记的孩子，但不能压制孩子自己的爱好。如果那样，就会适得其反，引起孩子的叛逆心理。

平时，父母亲应经常带孩子去逛书店，让他们自己挑选和购买书籍，给孩子创造一个阅读的环境。为孩子准备一个专用书架或书柜，由孩子自己放置、管理和使用，使孩子拥有自己的图书，就像拥有自己的玩具一样，可以随时取阅、欣赏。慢慢地家长就会发现，书已经成为孩子生活中的一部分。

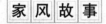

宋太宗读书不倦

宋朝初年，宋太宗赵光义命文臣李昉等人编纂一部规模宏大的分类百科全书——《太平总类》。这部书分类归成五十五门，全书共一千卷，是一部很有价值的参考书。这部书是宋太平兴国年间编成的，故定名为《太平总类》。对于这么一部巨著，宋太宗规定自己每天至少要看两三卷，一年内全部看完，遂更名为《太平御览》。

第四章｜开智导正：谦恭好学求发展

当宋太宗下定决心花精力翻阅这部巨著时，曾有人觉得皇帝每天要处理那么多国家大事，还要去读这么大一部书，太辛苦了，就去劝告他少看些，也不一定每天都得看，以免过度劳神。

可是，宋太宗却回答说："我很喜欢读书，从书中常常能得到乐趣，多看些书，总会有益处，况且我并不觉得劳神。"于是，他仍然坚持每天阅读三卷，有时因国事忙耽搁了，也要抽空补上，并常对左右的人说："只要打开书本，总会有好处的。"

宋太宗每天阅读三卷《太平御览》，故而学问十分渊博，处理国家大事也得心应手。大臣们见皇帝如此勤奋读书，也纷纷效法努力读书，所以当时读书的风气很盛，连平常不读书的宰相赵普，也孜孜不倦地阅读《论语》，有"半部论语治天下"之感慨。

培养孩子谦虚的品质

【原文】

子曰："三人行，必有我师焉。择其善者而从之，其不善者而改之。"

——《论语》

【译文】

孔子说："几个人同行，其中必定有可以当我老师的人。我选择他好的方面向他学习，看到他不好的方面就对照自己，改正自己的缺点。"

言 传 身 教

这句话体现了孔子虚心好学的精神，他认为，每一个人都有自己的长处，也有值得他人学习的地方，这说明他善于向他人学习，同时也说出了谦虚在学习中的重要作用。孔子就是一个敏而好学，不耻下问的人。他的一生都在不停学习，这是他最终成为圣贤的重要因素之一。

在学习中认真踏实，养成不懂就问的好习惯，会使我们的学问得到提高，由一个个的"不知"到一个个的"知"，由"不懂"到"懂"，懂得的事情多了，水平自然而然就提高了。实际上，即使是一些伟大的人物，他们的学问也是这样得来的。

鲁国建有祭祀周公的太庙，孔子受邀进太庙参加鲁国国君祭祖的典礼。本来孔子年轻时从事过为别人家办丧事的职业，传授礼乐又是他办教育的重要内容，因此他对那套礼乐仪式还是比较熟悉的。可是他进太庙助祭时，一进去，就问这问那，有关祭扫的每一个礼节都问到了。当时有人背地里讥笑他："谁说邹人之子，懂得礼仪？来到太庙，什么事都要问。"孔子听到人们对他的议论，答道："我对于不明白的事，每事必问，这恰恰是我要求知礼的表现啊！""每事问"的说法便由这个故事而来。

确实如那位先生所说——"学问学问，不懂就问。"这些伟大的人物尚有不懂就问的求知习惯，我们更有必要养成这种学习习惯。

在宇宙面前，每一个人都是极其渺小的，庄子曾经说过"吾生也有涯，而知也无涯"，知识就像海洋那样浩瀚，一个人永远也无法全部掌握。只有不断地充实丰富自己，才能逐渐登上人生的顶峰。在《庄子》中就有这么一个小故事，说是秋天到了，众多大川的水流汇入河中，河面波涛起伏，汹涌澎湃，河伯看到自己的河流浪涛滚滚，觉得天下再没有比自己声势更为浩大，更为广阔的了，于是便欣然东去，等到了大海边，看到茫茫大海，一眼看不到波岸，这才羞红了脸，说："以前我总以为天下之美都在我这里，今天才知道我是如此粗疏鄙陋，'闻道百，以为莫己若者'这句话讽刺的就是我啊！要不是今天见到了大海，开了眼界，日后我必定遭到有见识人的耻笑啊！"

骄傲自满是一种负面的心理状态，孩子有了自满的情绪，就如上面的河伯一样，必定有一天要遭受他人的耻笑，于自己的学业也无益。因此，家长要时刻告诫孩子：任何成绩都是阶段性的、局部的，不能沉溺于此，而是要将眼光投向更为广阔的地方，时刻发现自己的不足，充实自己，这样才能取

第四章——开智导正：谦恭好学求发展

得进步。

越是成功之人越能意识到学识的浩瀚无边，意识到自身的狭隘鄙陋，意识到自身存在的不足，所以一生都能鞭策自己时刻学习。保持谦虚，永不停步。爱因斯坦是20世纪世界上最伟大的科学家之一，他提出的相对论以及他在物理学界做出的其他方面的贡献，对整个人类的发展和进步都是一笔难以估量的财富。但是，虽然爱因斯坦取得了如此辉煌的成就，他仍然虚心学习，直到生命的终止。

可见，养成不懂就问的学习习惯，不仅能使学问有长进，同时还能促进自己的人际交往，给自己带来更长远的发展机会。

对于孩子而言，拥有谦虚的学习精神对他们来说更为重要。在现实生活中，平时学习成绩好，经常受到家长和老师表扬的孩子，心理上容易出现一种满足感和优越感，从而滋生骄傲情绪，失去进取心，裹足不前，最终成为井底之蛙。

那么，家长要怎样培养孩子谦虚好学的品质呢？

第一，不要过分频繁地夸奖孩子。家长不要过于频繁地夸奖孩子，夸奖的时候也不要太过分，而是应当对孩子的成绩给出中肯的评价和激励，鼓励孩子再接再厉，力争上游，永不满足，勇攀高峰，注意为孩子指出自身存在的不足，让孩子知道学无止境的道理。

第二，父母要身体力行。要教育孩子学会谦虚，首先自己不能自满，为孩子树立一个好榜样。比如孩子问问题的时候，不要装成什么都知道的样子，不知道的问题要告诉孩子，可以和孩子一起查资料解决，这样孩子才能知道任何人都有自己的局限，就不会产生骄傲自满的心理。

第三，多让孩子接触书籍和广大世界。经常给孩子介绍一些优秀的书籍，开阔孩子的眼界，启发孩子的思维。另外，还可以带领孩子出去接触广大世界，让孩子知道天外有天，人外有人的道理，切莫让孩子成为目光短浅的井底之蛙。

"水满则溢，月圆则亏"，拥有谦虚的品质，对于孩子而言，能够促进孩子的进步和提高。谦虚的人，别人都爱跟他相处。而骄傲自大则会对孩子的发展起到消极的作用，骄傲自大的孩子往往会一叶蔽目不见泰山，目中无人，心胸狭窄，也难以和他人进行沟通交往，哪里还谈得上取得人生的成功？

家风故事

孙中山虚心好问

孙中山小的时候在私塾读书。那时候上课，只是先生念，学生跟着读，然后把读的段落背诵下来。至于书里的意思，先生从来不讲解。一天，孙中山照例流利地背出了前天学的功课。先生在他的书上又圈了一段，他读了几遍，很快又背下来了。但是，书里说的是什么意思，他一点也不懂。孙中山想，这样糊里糊涂地背，有什么用呢？于是，他壮着胆子站起来，问："先生，您刚才让我背的这段书是什么意思？您能讲解吗？"这一问，把正在摇头晃脑高声念书的同学们吓呆了，教室里顿时鸦雀无声。先生拿起戒尺，走到孙中山跟前，厉声问道："你会背了？""会背了。"孙中山说着，就把那段书一字不错地背了出来。先生收起戒尺，摆摆手让孙中山坐下，说："学问，学问，不懂就问。我原想书中的道理，你们长大了自然会知道的。现在你们既然想听，我就讲讲吧。"先生讲得很仔细，大家听得很认真。从此，孙中山一有不懂的事情，就主动地问，养成了良好的学习习惯，这也是他能够获得大学问大成就的一个重要原因。

孔子学无常师

孔子学无常师。他随时随地向人学习，据史料记载，他曾向师襄学琴，向苌弘学乐，向老子问礼。《论语》中有这样一段记载：一次卫国公孙朝问子贡，孔子如此博大的学问是从何处得来的？子贡回答说，古时圣人所传的道，其实就在普通人之中，贤人能够认识到它的大处，而庸人则只能认识它的小处；他们身上都能体现出古人之道。就这样，孔子时刻保持着谦虚的态度，虚心学习，随时充实丰富自己。《论语》中有很多记载都体现了孔子的这种精神，如有一次子贡对孔子说，自己只能闻一而知二，颜回却可以闻一

137

第四章 开智导正：谦恭好学求发展

而知十。孔子说："弗如也。吾与汝弗如也。"意思大概是"不行啊，你和我都不如他"。孔子这种虚心向学的精神，是很值得现在的孩子认真学习的。

孔子认为，人的聪明不在于知道什么，而在于坦然地承认自己不知道什么。所以他说："知之为知之，不知为不知，是知也。"我们学习时也应该这样：知道就是知道，不要不懂装懂、弄虚作假，遇到不明白的问题要虚心向人请教。

学习知识的道德规范

【原文】

首孝悌，次见闻。知某数，识某文。

——《三字经》

【译文】

首先要懂得孝敬父母和友爱兄弟，然后再学那些见到听到的知识（增长见识），识数计算，认一些字，读一些书。

言 传 身 教

关于学习，古人是有一定讲究的。他们认为，一个对父母孝顺、对兄长充满友爱的人，在道德上是过关的，先生才能够放心地教给他知识。这样的人，知识学得越多，本事越大，做的好事越多，对人类的贡献也越大。"知某数，识某文"中"数"指的是基本的数学知识，也可以泛指现在的自然科学；"文"指的是文字、文理，也可以理解成现在的人文科学。传授的知识古今中外不过就是自然科学和人文科学两大类，但二者的传授方式是截然不同的，我们千万不要把二者混为一谈。"首孝悌，次见闻"，将对父母和兄长的敬爱放在了一个人学习知识、认知社会的前面，可见古人极为重视这种道德观念，认为这是人首先应该遵守的道德规范。

第一，虚心才能使人进步。

俗话说："一知半解的人，多不谦虚。"一个真正想学到有用知识的人，他时刻会想到自己还不够优秀，要不断学习。任何知识只要肯探索都是无止境的，千万不要刚一踏入知识的大门就认为自己已经很有学问了，那样只能停滞不前。

要想成为一名学识渊博的人，第一重要的是认识到自己的不足。当一个人满足于自己的现状，不肯学习，不愿意接受新知识，那么对世间的事物就无法保持正确的认知，产生错误的言行、错误的判断就不足为奇了。

第二，自然科学的学习讲究按部就班。

自然科学知识的传授与学习，要孩子真正懂了、明白了之后，再继续第二步的传授，第二步明白了再走第三步，越级是不行的。《三字经》特别强调了自然科学和人文科学这两种不同的教学方法，对自然科学是"知某数"，"知"是认知，一定要理解了、明白了，才是传授进去了；没有听懂、听明白，就是没传授进去。学科学知识必须按部就班，初级科目明白了才能上升到高级科目。例如，初等数学懂了才能学高等数学，因此，科学教育要用科学的方法来传授知识。

第三，人文科学，学得越早越有利。

人文科学则不然，很多道理要随着年龄的增长和阅历的增加才能逐渐理解。一部《论语》一辈子也读不厌，读一次有一次的理解，一年有一年不同的体验，真的是活到老，学到老！

《论语》要怎么学呢？背诵，反复背诵，一遍又一遍地加深印象，印到骨髓里面去。这样，等小孩子走入社会，遇到做人做事的具体问题的时候，孔老夫子的话会突然蹦出来，那时他就知道应该怎么去做了。

如果没有幼时背诵古书的童子功，等到用的时候现抓现学，就不会经历古圣贤的智慧与现实生活理论相结合的过程，就没有更深切的感悟，用起来也就不会贴切自如了。

所以，父母在孩子小的时候应注重培养孩子博闻强识，孩子长大了就会水到渠成地成为学识渊博的人。

要想培养一个拥有超强的理解能力、写得一手思想性很强的文章的孩

第四章 开智导正：谦恭好学求发展

子，就要让孩子在小的时候努力学习，提高文化修养。

家风故事

胡适的基本功

胡适4岁就开始读古诗，6岁上私塾开始背古文。到了9岁的时候，自己就能看古典小说了，两年之内他偷偷地看完三四十本古典小说。11岁的时候，老师正式教他读古书，第一部就是《资治通鉴》，13岁时又把《左传》读完了。19岁时胡适考取公费留学生，27岁拿到美国哥伦比亚大学哲学博士学位。28岁时任北京大学教授，写出《中国哲学史》这部不朽之作，30岁时胡适已经誉满全球了。

这都是胡适13岁之前接受的传统教育的基本功的作用。他去讲演从来不带书，却能引经据典，而且一字不差！胡适何以得来如此超绝的文化驾驭力？一句话：从幼时开始的古文学习，已经把经典深印在他的脑海里了。

学以致用为治学根本

【原文】

能积不能读，何异掌书佣子？能读不能行，所谓两足书橱。

——《西岩赘语》

【译文】

买书只是为了收藏而不读，与掌管书籍的佣人有什么不同？读书不会用，就成了能读书、能写好文章，而不善做人、不善做事的书生了。

言 传 身 教

知识改变命运。我们要重视学习知识的重要性。同时我们还必须有一个正确的学习态度。知识是无穷无尽的，如果对于任何知识，都抱着一种浅尝辄止，一知半解，一瓶子不满半瓶子晃荡的态度，那么终将一事无成。

培根在提出"知识就是力量"以后，又明确地指出："各种学问并不把它们本身的用途教给我们，如何应用这些学问，乃是学问以外、学问以上的一种智慧。"学到的知识只有有效地运用到生活和实践中去，才会发挥其效用，否则就是一些死的、没用的东西。

如何做到学以致用？最重要的是学会变通，遇到实际问题要开动自己的脑筋，而不是死抱知识和经验。

此外，要做到学以致用，我们还应该将自己所学的知识与自己的生活以及今后想要从事的工作相结合。问自己：我要学的知识能用到我的日常生活中吗？我需要什么样的知识才有利于我的全面发展？时常问自己，才能让自己不断思考，才能在学知识时将学以致用贯穿始末。

不管到什么时候我们都要记住：我们不是为了学习而学习，学习的最终目的就是为了能够将知识运用到我们的生活实践中去。真正的勤学苦读，再加上真正的学以致用，方能成为一个有出息的人。

家长在教育孩子时，不要向孩子灌输错误的学习目的，要告诉孩子：学习是为了学到知识，而不是为了应付考试。所以，当发现孩子考试成绩不好时，要鼓励孩子更加努力地学习，不要因为无法实现考上名牌大学的理想，而使孩子灰心丧气。家长在帮助孩子提高学习成绩的同时，要注意培养孩子从小爱学习的习惯，只要孩子爱学习，长大就会成才。

141

第四章 开智导正：谦恭好学求发展

家风故事

屈谷巧讽田仲

齐国有一个名叫田仲的读书人，四体不勤，五谷不分，却自命清高，隐居乡间。

有个叫屈谷的人到田仲那里去见他，对他说："我是个庄稼人，没有什么别的本事，只会干农活，特别是对于种葫芦很有方法。现在，我有一个大葫芦。它不仅坚硬得像石头一般，而且皮非常厚，以至于葫芦里面没有空隙。这是我特意留下来的一只大葫芦，我想把它送给您。"

田仲听后，对屈谷说："葫芦嫩的时候可以吃，老了不吃的时候，它最大的用途就是盛放东西。现在你的这个葫芦虽然很大，然而它皮厚，没有空隙，而且坚硬得不能剖开，像这样的葫芦既不能装物，也不能盛酒，我要它有什么用处呢？"

屈谷说："先生说得对极了，我马上把它扔掉。不过先生是否考虑过这样一个问题，您空有满脑子的学问和浑身的本领，却对整个世界没有一点用处，您同我刚才说的那个葫芦不是一样吗？"

屈谷以无用的葫芦讽刺了光有知识不会运用的读书人，可谓极其巧妙。从而让我们明白了：有了知识，并不等于有了与之相应的能力，如果一个人有了知识而不知道如何运用，那么他拥有的只是死知识，是解决不了任何实际问题的。

浅尝辄止闹笑话

汝州农村有个老翁，以前家里一穷二白，这个还算勤快的老翁开始学着做一些买卖，日积月累也便有了一些积蓄，后来生意越做越大，现在可谓是家道殷实，相当富有了。可是他祖祖辈辈都是文盲，连"之乎者也"等最简单的字都不认识，有时候，连看个账本都费劲，不得不请别人来帮忙，老翁逐渐感觉到，不识字做很多事情都极不方便。饱受不识字之苦的老翁暗地里下决心："一定要让自己的儿子识文断字，不像自己这般吃苦。"

于是，老翁开始四处打听聘请教书先生的事情。终于有一天，邻居跑来给介绍了一位楚国的老师。老翁看这个楚国老师满口"之乎者也"，像是个博学之人，因此就欢天喜地地答应了下来。

第一天上学，老师用毛笔在白纸上写了一笔，告诉他儿子："这是个'一'字。"老翁的儿子学习得非常认真，将这个字牢牢记在心中，回去后就写给老翁看："我学了一个字——'一'。"老翁见儿子学得用功，看在眼里，喜在心里。

第二天上学，老师又用毛笔在纸上写了两笔，说："这是个'二'字。"这回，儿子丝毫感觉不到第一天的新鲜感了，记住了就回家了。到了第三天，老师用毛笔在纸上写了三笔，说："这是个'三'字。"儿子眼珠一转，好像突然领悟到了什么，学也学不上了，扔下笔就蹦蹦跳跳地跑回家，告诉父亲："父亲，我觉得认字没有什么难的，是一件再简单不过的事啦，我现在已经学会了。不用再麻烦老师了，免得花费这么多的聘金请老师，还是请父亲把教书先生辞退了吧。"见到儿子这么聪慧，老翁高兴地准备了酬金将老师辞退了。

过了几天，老翁想邀请几个朋友到家里喝酒，就来到儿子的房间对儿子说："乖儿子，我最近打算请一些老朋友来我们家吃饭，你帮着我写个请帖吧！"儿子见到父亲要自己帮忙写请帖，心想这不正是表现自己的一个好机会吗，于是满口答应道："行，这件事实在是太容易了，您就看我的吧。"

老翁看到儿子信心十足的样子，心里十分开心，接着说道："我的这个朋友姓万，你可一定要记牢啊！"说完就放心地准备其他的事情了。

时间慢慢地过去，眼看太阳都快偏西了，但儿子还是没有写好，老翁不禁有些着急了："儿子这是怎么了？"等了又等，老翁终于耐不住性子了，亲自到儿子房里去催促。进门之后，老翁见儿子满脸痛苦地坐在桌边，纸在地上拖得老长，上面尽是黑道道。儿子正拿着一把蘸满墨的木梳在纸上画着，一见父亲进来便埋怨道："世上有这么多的姓氏。为什么偏偏要姓万呢？我借来了母亲的木梳，一次可以写二十画，从一大早写到现在，手都抬不起了，也才写了不到三千画！万字实在是太难写了！"

一心望子成龙的老父亲希望儿子读书识字，改变自己家祖祖辈辈是文盲的命运，可是，这个儿子太不争气，自以为自己已经将全部的知识都掌握了，结果才闹出了这样的笑话。

第五章

强健身心：修心养生健康行

　　当今社会，健康逐渐成为人们共同关注的话题，尤其是青少年的身体素质和心理健康。生活越来越便利，而身体素质却普遍下降；物质越来越充足，而心理问题却越来越多。无论是身体还是心理，我们都应该从家庭开始，从父母做起，让我们的孩子远离不良心理，强健体格，克服生活中的困难，学会改善自己的心境，从外到内，做一个健康的人。

让孩子拥有健康的体魄

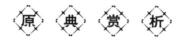

【原文】

若其爱养神明，调护气息，慎节起卧，均适寒暄，禁忌食饮，将饵药物，遂其所禀，不为夭折者，吾无间然。

——《颜氏家训》

【译文】

如果你们能爱惜精神，保养身心，调节气韵呼吸，睡觉和起床有规律，知道随着寒暖增减衣物，饮食也有所节制、禁忌，并且在需要服药的时候正确地吃药治病，遵循了这些方面，不至于中途夭折的话，我就没有什么可讲的了。

言 传 身 教

有句话说得好："身体是革命的本钱。"如果不懂保健，天天处在不健康或者亚健康的状态下，那么势必要影响我们的工作、学习和生活，孩子更是如此。

孩子的健康是家长最关心的话题，很多妈妈在孩子小的时候就开始在他们的饮食起居上下功夫了。好的生活习惯大多是从小养成的，家长应该多接触和学习一些有益于孩子健康的养生之法，相信孩子必会受益终身。

父母都希望孩子能够健康成长，这就需要从一些细节处下功夫，如让孩子养成良好的生活习惯、保证孩子充分合理的营养、给孩子营造充满爱心的家庭氛围，等等。若养成良好的生活习惯，还需要做到：

首先，家长要注意培养孩子良好的生活习惯。

比如，到了睡觉时间，拉上窗帘关上灯，要保持室内光线柔和、舒适安静，不要大声吵闹，给孩子创造一个良好的睡眠环境；要保证孩子睡觉之前情绪平和，不要过分和孩子玩耍，以免使他兴奋，也不要讲惊险恐怖的故事；上床前让孩子解好小便，以免半夜被尿憋醒。如果孩子一时睡不着，不要吓唬和逼迫他。如果孩子晚上睡得好，有了充足的睡眠时间，第二天早晨自然容易被唤醒。家长最好杜绝因为看电视或忙于其他事情而使孩子不按时睡觉的情况发生，也不要在早上睡懒觉或在被窝里与孩子玩，甚至让孩子在床上吃早点等，这些都会在无形之中养成孩子赖床的坏习惯。

其次，家长还要帮助孩子养成按时定量吃饭的习惯。

两餐之间的间隔时间最好保持在 4~6 小时，在这段时间，肠胃能够对食物进行有效消化、吸收和排空；根据孩子的食量给孩子准备饭菜，并坚持要求他顿顿吃完。不要一味要求孩子吃多，更不能由着孩子的性子想吃多少就吃多少，吃完正餐吃零食，这会影响他下一顿的食欲。吃饭的时候要让孩子吃完自己的饭菜才能离开座位。当然，家长自己也要这样做。

再次，家长给孩子吃保健品要适度。

因为大部分家庭只有一个孩子，所以很多家长对孩子的养育有着莫名的焦虑和深切的盼望，甚至会过度关心，这反而不利于孩子的成长。比如有的家长给孩子吃各种保健品，造成孩子性早熟的悲剧现象。

最后，要找出适合孩子自己的养生方法。

规律生活，精神愉快，同样是孩子健康成长的妙方。我们只要在日常生活起居方面，适应和顺应四季气候的变化、白天黑夜的交替，让孩子在保持营养均衡的同时，快乐生活，健康自然常伴左右。青少年生长期每日饮食中需要有合理的营养素供给量。热能主要来源于脂肪和糖类。脂肪主要由动、植物油提供；糖类主要储存在谷物、蔬菜、水果及含淀粉或糖类较多的食物中。蛋白质是组成人体的基本物质，主要含在鱼肉禽蛋和豆类、谷物等食物中。钙、铁等盐类（矿物质）是维持人的正常生理作用所不可缺少的，主要来自豆类、蔬菜、水果、奶类、蛋类等食物。各种维生素是调节人体生理作用不可缺少的重要物质。蔬菜、水果、蛋、奶、动物肝脏、瘦肉、豆类及谷

147

第五章 强健身心：修心养生健康行

物外皮和胚芽等食物中都含有较丰富的不同维生素。

生长发育的好坏，对孩子一生的体质和体形有很大的影响。孩子要进行合理的体育锻炼，以保证孩子的体质。为此，家长应做到如下几点：

第一，提高对孩子体育锻炼的认识。

体育锻炼是父母对孩子进行素质教育的良好载体。事实上，孩子天性好动，真正不爱运动的孩子只是很少一部分。体育锻炼是一项父母和子女可以共同参与、亲力亲为的活动。体育锻炼既可培养孩子吃苦耐劳的精神，磨炼其意志品质，也可使孩子体会公平竞争和团队精神，是孩子宣泄不良情绪以及享受体育带来的欢乐和愉悦的过程，更是父母们了解孩子、引导孩子、加深亲情、加强沟通的一个互动过程。所以，作为家长要提高对孩子体育锻炼的认识。

第二，根据孩子的年龄特点合理安排运动量。

孩子正处于生长发育阶段，不要一味去追求运动的强度，而要根据孩子的年龄特点、兴趣和需要，选择适合他们年龄段的、自己喜欢的、有条件并能坚持下去的游戏或运动。关键是要使孩子能坚持，如果三天打鱼两天晒网，就不会有大的效果。

第三，要为孩子创造户外活动的机会和条件。

由于多数家长一味注重开发孩子的智力，忽略孩子好动的天性，把孩子关在家里认字、背诗、学画画……认为这就是智力开发，而孩子正常的户外活动、体育锻炼，则被认为是浪费时间，甚至认为影响其智力的发展。其实，这是一种误解和偏见。心理学研究表明，体育活动对孩子智力发展的作用，如同对体力发展的作用一样，有着积极的影响。

经常参加户外活动，能使孩子的骨骼强健，肌肉发达，促进身体健康发育。多运动能加速血液循环，促进新陈代谢，为大脑提供高质量的营养，使头脑更灵活，从而促进智力的发展。

没有健康空谈一切

云霞大师喜欢云游四海，在游历的途中收养了两个孤儿，同时给他们起名为无山和无海。两个孩子在云霞大师身边长大，一边听着大师讲经论佛，一边跟着师父四处布施恩德。

一天，云霞大师发现，无山聪明智慧，和佛有着很深的机缘，每次谈经论佛，总能够讲出一些深刻的道理；而无海乐于助人，但是在佛缘上的慧根差了一点。其实云霞大师早已想好自己的衣钵传人，就是将自己一生的佛法修行统统传给无山，但是令云霞大师感到担忧的是，无山虽天资聪慧，领悟力极强，但是天生体弱多病，在路上常常一病就是很长的时间，因此每当帮助他人的时候，都会将体力的重活交给了身强体壮的无海。

就这样日子一天一天地过去，在师父的精心教导下，无山在佛法上已经小有成绩，但是无山的身体也日渐消瘦，因为师徒三人经常跋山涉水、风餐露宿，身体本来就很孱弱的他现已经到了病入膏肓的地步，最后在一次大病中竟再也没能站起来。云霞大师看着心爱的弟子死去，非常悲痛，最后无奈只好把自己的衣钵传给了另一个弟子无海。

没有一个好的身体，哪怕再有慧根，再聪慧，也难当大任。

健康是无价之宝

从前，有个年轻人总是抱怨自己时运不济，命不好，生活潦倒不堪。他常常自怨自艾地说："如果有一天我拥有了很多很多的钱，那我就可以舒舒服服地生活了，那样的日子真是太爽了，那才是幸福的生活。"

有一天，正当年轻人又在抱怨时，一位老者刚巧路过听到了。他停下脚步，转头问道："你对自己、对生活有什么不满呢？你要懂得你已经非常富有了。"

"我富有？老人家，就不要拿我开涮了。"年轻人一脸不屑地说着。

"其实事实就是这样！比如我要用一万元钱买你的眼睛，你答应吗？"老人问道。

"当然不可以。没有眼睛，我的生活就陷入了黑暗。没有阳光，没有颜色……那人生将会多么糟糕，你给我再多的钱，我也不会卖的。"年轻人急忙说道。

老人接着说："如果我给你5万元钱。你可以卖给我一双手吗？"

年轻人急了，说："真是可笑，我怎么会用我自己的双手去换钱呢？"

这时，老人笑了，说："现在你明白了吧，你已经十分富有，因此不要对生活有诸多的抱怨。不要再抱怨命运不公，时运不济。记住我的话："健康是无价之宝，任何财富都买不到。"说完，老人就离开了。

家庭是孩子的第一防线

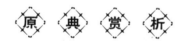

【原文】

为之于未有，治之于未乱。

——《道德经》

【译文】

做事情要在它尚未发生以前就处理妥当；治理国政，要在祸乱没有产生以前就早做准备。

言传身教

凡事要在事情还没有出现问题前就处理妥当，要在祸乱还没有产生前就做好工作，预先防治。也就是后来说的"未雨绸缪""防患于未然"。万事万物何尝不是如此，"星星之火，可以燎原"。一个不起眼的小毛病，如果不能够及时发现并及时制止，就很有可能演变成大的祸患。

在发现孩子有不良倾向的时候要在第一时间将其扼制住，为之于未有，治之于未乱，慎始慎终，防微杜渐，能起到事半功倍的效果。孩子年纪小，尚且缺乏辨别是非的能力，容易受到环境和他人的影响，如果受到不良影响，就有可能走上歪路。家长要做的就是密切关注孩子的思想动向，如果发现有不良思想在孩子头脑中萌芽，家长要第一时间为孩子纠正，让孩子远离不健康的环境，消除不健康的思想，为孩子的成长和发展提供一个良好的环境。

据调查分析，影响孩子心理健康的家庭因素主要有以下几个方面：

第一，家庭教育偏向极端。

在当前社会竞争激烈的情况下，一些家长为了让自己的孩子能够出人头地，光耀门楣，便不计投入，不顾孩子的感情，为孩子的学习做一些不必要的付出，也让当今普遍的家庭教育陷入了误区：在生活上，孩子衣来伸手、饭来张口，提出的要求一概得到满足，这在很大程度上纵容了孩子；然而在心理上，家长希望孩子能够完全服从自己，能够按照自己的意愿去发展，只关注孩子学习上的进步和智力的提高，而忽视了孩子性格、道德情操的培养。

第二，家庭环境的不良影响。

由于目前社会发展步伐加快，传统的道德观念以及家庭生活受到了巨大的挑战，外出打工人口增多，离婚现象普遍，单亲家庭数目上升，对于生活在这种家庭环境之下的孩子来说，他们得不到完整的来自家庭的关爱，在很大程度上会影响孩子的健康成长。

第三，社会风气的影响。

有些家长受到拜金主义以及攀比心理的影响，喜欢将自己的孩子和别人的孩子进行比较，比如在物质生活上，有些家长一味地满足孩子，要什么给什么，使孩子的个人欲望大大膨胀；有些家长宁愿自己吃苦受累，节衣缩食，也要满足孩子的虚荣心。种种做法都容易让孩子形成懒惰、贪图享受、花钱大手大脚的生活习惯，给他们今后的人生道路埋下了隐患。在文化生活

第五章 强健身心：修心养生健康行

方面，有的家长平时只顾打麻将或终日流连往返于酒宴之间，对于孩子的生活不管不问，这就是很多孩子只喜欢日夜在网吧，夜不归宿的原因之一。甚至有的家长亲自带领孩子参加一些不健康的娱乐活动，这些不良的影响都会给孩子造成很大的伤害。

只有一个结构完整、感情丰富的家庭，才能给孩子全面的爱。母亲带给孩子的温柔体贴和细腻的感情，是父亲给不了的；父亲对孩子坚强性格的影响也是母亲无法代替的。只有父母同心，刚柔并济，互相补充，孩子才能得到健康完整的爱，孩子的成长才会向健康的方向发展。

所以，正常且适当的家庭教育对孩子的健康成长起保障作用，能在很大程度上避免孩子的违法犯罪行为。家庭教育的内涵十分宽广，家庭教育的方法十分繁多，我们必须谨慎为之，择优使用。

孩子在其成长的过程中，有其自己生活的空间，难免受到一些不良的影响，难免出现这样那样的问题，问题有时是难以预测的，那么家长要怎样做才能防患于未然，让孩子得到更好的发展呢？

第一，给孩子安全感。

人在儿童期最需要一种保护感，安全感。温馨的家庭环境、熟悉的伙伴、良好的邻里关系都容易让孩子养成积极健康的心理，父母应当关照孩子的心理，并为孩子心理的健康发展提供良好的土壤。家长应当明白，孩子需要的不仅仅是物质，心理需求对于孩子的成长是更为重要的一部分。

第二，重视人性教育。

一个人有什么样的性格，就可能有什么样的命运。孩子健全性格的培养是父母最为重要的责任，因此，父母要善于帮助孩子找到不同于别人的优点，为孩子树立自信和自尊，让孩子健康发展。

第三，要懂得尊重孩子。

很多家长虽然在物质上满足了孩子，但是往往并不知道如何尊重孩子。他们头脑中仍有强烈的等级之分，认为孩子对自己的话要言听计从，稍有违反，便拳脚相加，恶语相向，这对孩子的心理伤害是非常大的。因为每个孩子都需要别人的尊重，需要得到理解和平等的沟通。

教育孩子不是一件简单的事情，在日常生活中，家长要注意照顾孩子的方方面面，尤其是孩子的感情，如果父母能够做到上述几点，相信您就达到了"为之于未有，治之于未乱"，孩子在他的成长之路上也就少了羁绊，多了平坦。

家 风 故 事

防患于未然

以前，有一户人家盖了一栋新房子，不过厨房里的土灶烟囱砌得太直，而且旁边还堆着一大堆柴草。有客人来他家做客，看到这个状况之后，对主人说："你家烟囱砌得太直，柴草放得离火太近。容易发生火灾。"主人听了之后，笑了笑，不置可否，后来就把这件事抛到脑后了。果不其然，那位客人一语成谶，没过多久，这户人家果然失了火，左邻右舍全都赶来帮忙，才一起扑灭了大火。主人杀牛备酒来酬谢大家的全力救助，席间，主人热情地请因奋勇救火而被烧伤的人坐在上席，其余的人也按功劳大小依次入座，却独独没有请那个建议改修烟囱、搬走柴草的人。有人提醒主人："若是当初您听了那位客人的劝告，改建烟囱，搬走柴草，就不会造成今天的损失，也用不着杀牛买酒来酬谢大家了。现在，您论功请客，怎么可以忘了那位事先提醒、劝告您的客人呢？"主人听罢，才恍然大悟，后悔自己被自负蒙蔽了心智，于是赶忙将那位客人请到家来，让他坐了上席。

事后，主人重新修建厨房时，就按那位客人的建议，把烟囱砌成弯的，柴草也放到安全的地方去了。

153

引领孩子走出逆境

【原文】

虽经挫折，无少回挠。

——《元史·盖苗传》

【译文】

虽然经历了挫折，却很少屈服。

言 传 身 教

人的一生，如波涛起伏，有高峰，有低谷。人在高峰的时候，自然春风得意，一帆风顺，心情舒畅。但是人在低谷的时候，却最能反映一个人的心理素质。很多人在身处逆境的时候，往往丧失了倔强的意志，看不到远方的希望与亮光，认为人生已无意义，就此放弃了拼搏的机会，自暴自弃，使自己掩埋在无尽的黑暗中。而那些在挫折与苦难面前从不服输的人，才能在战胜种种风暴之后，见到最为绚丽的阳光，脸上绽放出最为灿烂的笑容。

在苦难面前，唯有搏斗才有可能取得胜利，消极地无所事事只能束手就擒，坐以待毙。外国人中同样不乏勇于同命运搏斗，并最终焕发光彩的人。

当父母遇到孩子的种种反常迹象时，首先考虑的是孩子心理出现了问题。如果孩子遇到了挫折，父母如何让孩子摆脱心理负担和挫折感？家长们应注意以下几个方面：

第一，帮助孩子分析原因，理性思考，克服障碍。

人的一生遭遇挫折是正常的，父母要帮助孩子对逆境产生的原因进行实事求是的分析。在实际生活中，由于产生挫折或逆境的各种原因往往错综复杂地交织在一起，要进行客观的分析并非一件容易的事情。特别是在逆境中人的思维容易产生冲动和偏激，人在年轻时更是这样。这说明，分析逆境的原因，以冷静、正确的方法面对是十分必要的。

第二，帮助孩子减轻学习上的压力。

父母望子成龙，在学习上对孩子施加压力，使许多学生在学习中表现出学习焦虑、学习疲劳、厌学症、学习困难和考试焦虑等症状。有些学生反映：他们经常一捧起书本就头疼、恶心，心情烦躁，坐立不安，注意力难以集中，思维混乱，夜间常失眠，导致学习成绩下降。这种问题多是学生长期处于过度紧张和疲劳状态造成的。他们大多是比较要强，但又学习不得法；自己学习很努力，极力想满足家长和教师的期望，于是投入大量的时间和精力。但长时间的高度紧张、休息不足、调整不当，导致神经系统紊乱，身心状态极为疲劳，因而事与愿违。

第三，帮助孩子减轻人际交往的压力。

青少年都强烈地渴望友谊，对友情的重视程度不亚于亲情，如有的学生愿意把自己的心里话向朋友倾吐。但自小的娇纵，以自我为中心的心理，在解决问题的方式上不很恰当，与同学交往中经常会出现摩擦和矛盾。如果这些问题得不到很好的解决，那么，孩子在心理上容易出现挫折感。

第四，帮助孩子解决个性心理的压力。

对青春期孩子来说，面对困难时不能及时调整自己的心态、不能换位思考，再加上有的父母不能尊重孩子，尤其是孩子思想、人格得不到来自家长的尊重，使孩子的挫折感更加强烈。

经历挫折时，不同的人有不同的反应。积极的反应方式：从失败中吸取教训，找出解决问题的方式、方法，以"失败是成功之母"来勉励自己。消极的反应方式：产生敌意和攻击性心理，或干脆放弃追求，陷入消沉，灰心丧气，从此一蹶不振。面对挫折不应惧怕，冷静分析所发生问题的原因，权衡利弊，理智地面对，应有足够的韧性，以前人为榜样，奋发图强。

挫折以一定的障碍，使人们处于逆境之中。诗人艾青曾说："时间顺流而下，生活逆水行舟。"逆境不可回避，当失意不期而来时，要冷静地理解它，勇敢地面对它。

父母应重视创建轻松的家庭氛围。家长对待挫折的态度和行为会潜移默化地影响孩子的态度和行为。给孩子树立不畏困难，战胜挫折的榜样，

155

第五章｜强健身心：修心养生健康行

不仅有助于增强孩子勇敢面对挫折的信心，还可以向孩子揭示出这样的道理：世上没有唾手可得的成功，只有在挫折中不断进取的人，才能摘取成功的桂冠。

父母应尽可能给孩子更多的选择，使之从自己选择所致的挫折中不断成长。家长对自己孩子的期望应该合理，激励孩子向恰当的发展目标努力。如果家长只看到孩子的优点而无视他的缺点，孩子就会对自身的不足缺乏认识而骄傲自满，不能接受失败；如果家长对孩子抱有不切实际的过高期望，就会增加孩子的心理压力，使孩子不敢面对失败；当然，家长如果总是挑孩子的毛病，贬低孩子，对孩子不抱期望，也同样会伤害孩子的自尊。这样的孩子注注缺乏自信，会逃避困难以求避免挫折。总之，家长对孩子不合理的期望，无论是期望过高还是期望过低，都会阻碍孩子对自我进行客观的评价，使原本不应引发挫折感的事件，都可能对孩子造成影响，如正常的失败或稍加努力就可以克服的困难。

现代社会是一个充满挑战的社会，在这样的社会中，人的一生不遭受挫折是不可能的，关键是对待挫折的态度。

不要让孩子产生被拒绝的挫折感。帮助孩子，贵在要仔细听他们心里的话，了解并接受他们的感受。因为每个孩子都有与众不同的地方，要针对孩子的实际情况来确定好孩子的标准，把成功交给孩子。比如，孩子告诉妈妈这次考试得了 60 分，做妈妈的听到这一消息是很不好受的，但不要一开口就是无可奈何的叹息，要先听听孩子对此是何感受、难过不难过。然后，再从积极的一面着手，做合理的分析与期望，巩固孩子的自信心。

"逆向关怀"一词来源于动物保护。动物需要"逆向关怀"，我们的孩子们需要不需要这种"逆向关怀"呢？回答是肯定的。我们的孩子过着越来越优越的生活，社会和家长为他们提供越来越优越的条件。长此以注，孩子就会丧失适应能力、生存能力。

勾践卧薪尝胆为越国

公元前496年，越王允常死了，他的儿子勾践即位为王。吴王阖闾抓住越国新国君刚刚即位、政权不稳定这一弱点，不顾伍子胥的反对，亲自带兵进攻越国。越王勾践听说后，立即率领军队前去抵抗，布置好了防御工事。

勾践看到吴军人数众多、武器精良，就遣敢死队冲上去，结果敢死队的士兵两次都被吴军消灭了，吴军阵地仍然纹丝不动。勾践又想出一个计谋，他把监狱里的死囚犯押出来，叫他们排成三行，各人把剑架在自己脖子上，向吴军阵地高喊："两军打仗，我们触犯了军令，不配当军人，如今不敢逃避刑罚，情愿以死来赎罪！"说完一齐自杀了。

这可怕的怪事使吴军将士个个目瞪口呆，手脚发抖，斗志也松懈了。就在这时候，只听越军营中鼓声雷鸣，喊声震天，勾践指挥越军以排山倒海之势向吴军杀去。吴军被打得措手不及，全线崩溃，仓皇逃遁。阖闾脱鞋逃跑了，大脚趾也被砍掉了，拼命挣扎着跑了七里多路，因为伤势越来越重，终于死在逃跑路途上。

阖闾死后，继承王位的是他的儿子夫差。夫差发誓要为父亲报仇。三年之后，吴王夫差任命伍子胥为大将，伯嚭为副将，带领吴国大军，杀气腾腾地奔向越国。

勾践率兵迎敌。这次是水战，夫差站在船头，亲自擂鼓助战，吴军乘风顺水而下，箭像雨点一样射向越国兵船。

越军顶风逆水行船，船只前进的速度很慢，射箭又射不准，完全处在被动挨打的地位，死伤不计其数。勾践见势不妙，只好离船靠岸，在附近的会稽山躲藏。慌乱之下，勾践为了保住性命、日后再战，只好选择求和。在伯嚭的帮助下，勾践夫妻被吴王收为吴国的奴隶。

勾践住在阖闾坟墓旁的小屋里，负责打扫坟墓，饲养牛马。夫差和伍子胥经常派人监视他们，见他们穿的是粗布烂衫，吃的是糟糠野菜，勾践整天打扫坟墓，养马喂草，范蠡打水砍柴，勾践夫人洗衣做饭，个个安分守己，勤勤恳恳。时间一长，夫差认为穷苦的生活已经把他们的斗志消磨尽了，便不再提防他们。

三年一晃过去了，伯嚭在夫差面前为勾践说情，夫差心里也觉得勾践挺可怜的，便打算放他们回国。于是就在前491年放勾践范蠡回国。

勾践回到越国后，时时不忘复兴越国、报仇雪耻的大志。他整天穿粗布的衣服，不吃肉食，住在破旧的房子里，晚上就睡在柴草上面。他在房子中间挂了一个苦胆，吃饭、睡觉前、坐着、躺着的时候，经常抬起头来尝一尝苦胆，自言自语地说："你忘记亡国的耻辱了吗？"他一心一意想的是如何尽快地振兴越国。为了复兴越国，他根据越国的具体条件，谋划着进行社会改革。

勾践让范蠡辅助自己治理国内的政事。范蠡说："带兵打仗，文种不如我；安抚国家，亲近百姓，我不如文种。"勾践觉得很对，就把国家的政事交付给文种，把带兵打仗的权力交给范蠡，让他们两人充分发挥自己的长处。

勾践采用了范蠡、文种的计谋，对外结好齐国，亲近楚国，依附晋国，表面上讨好吴国，避免吴国的攻伐，实际上是争取时间使越国尽快地强大起来。这时候吴国连续北上，战争不断，士兵死伤很多，国力损失很大。越国乘着吴国忙于对外作战的时机，在国内训练军队，发展生产，越国的力量恢复发展起来了。

在越国励精图治的时候，吴国的政治却一天比一天衰败。为了麻痹夫差，勾践不断贿赂伯嚭，让他在夫差面前说好话。勾践知道夫差淫乐好色，就采纳了文种的计谋，派范蠡向吴王夫差进献了美女西施和郑旦。夫差和西施整天饮酒作乐，不关心国家大事。

前482年，夫差和晋、鲁等国诸侯在黄池(今河南封丘县西南)会盟。勾践认为时机已到，于是统率5万大军攻打吴国。经过两天激战，越军攻下了吴国都城，活捉了吴国太子。夫差当时正在黄池争当盟主，一听到这个消息，马上带兵回国，同时向越国请求讲和。勾践看吴国还有一定实力，一时很难消灭它，便答应讲和，并从吴国退兵。

4年之后，越王勾践再次发兵攻打吴国。双方军队隔着一条河摆开了阵势，越王把军队分成左右两路，趁着黑夜，左右轮番进攻，擂鼓呐喊前进；吴军只能被动地左抵右挡。这时候，勾践指挥大军偷偷地渡过河，向吴军大本营发动了猛烈的进攻。吴军顿时大乱，不久就全线崩溃，士卒大败而逃。

前476年，越王勾践彻底吞并了吴国。接着，勾践又乘胜挥师北上，渡过淮河，在徐地（今山东省滕州市南）和齐、晋、宋、鲁等国会盟，越王勾践成了当时的诸侯盟主。周元王听说后，特意派使者给勾践送去祭庙用的肉，承认了他作为诸侯领袖的地位。

从吴国大胜越国到勾践灭吴，前后正好20年。勾践卧薪尝胆，忍辱苟活，在危难中发愤图强，终于在逆境中奋起，灭掉了吴国，进而称霸中原。

远离妒忌这种不良心理

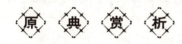

【原文】

人有喜庆，不可生妒忌心。

——《朱子家训》

【译文】

他人若有喜庆之事，不可以产生妒忌的心理。

言 传 身 教

比他人之短，嫉妒他人的人，总是会有的。"生活不是攀比，幸福源自珍惜。"嫉妒是一种难以公开的阴暗心理，是人们普遍存在的人性弱点，有时嫉妒心理还会带来自身的毁灭。

嫉妒是一种卑劣的心理状态，嫉妒者总爱和别人攀比，凡事唯恐别人抢先一步。看到别人越过自己，他不怪自己不努力、不进取，只怨别人有本事，只恨别人比自己强。这种怨恨情绪，常会导致一些带有破坏性的行为。妒火中烧，能使人头脑发昏，丧失理智，甚至堕落到极其卑劣和凶残的地步。古往今来，嫉妒就像一股祸水，不知害了多少人。

嫉妒是一种消极、有害的心理。它会破坏人际关系，伤害同学间的友好感情，孩子攻击性情绪的发泄甚至会酿成悲剧。父母应操起"手术刀"，剔除孩子心灵上的嫉妒"肿瘤"。

心理学家研究发现，大约从一岁半到两岁起，孩子的嫉妒心理就开始有了明显而具体的表现。起初，孩子的嫉妒大多与母亲有关。如果自己的母亲将注意力转移到别的孩子身上时，孩子就会以攻击的形式对别的孩子发泄嫉妒情绪。孩子的嫉妒具有外露性。孩子嫉妒与大人嫉妒的不同之处，主要是不能有效地控制自己的情感。大人在嫉妒时，心中虽然不高兴，还会尽量忍受，也不会形之于色；孩子却直接而坦率地表露出来，根本不考虑后果。

嫉妒是一种消极的心理现象，这种缺点如果保留到成年，那么孩子就很难协调与他人的关系，很难在生活中心情舒畅。所以要从小就纠正孩子的这一不健康的心理反应。要纠正孩子的嫉妒心理，父母应该注意从以下几点着手。

第一，观察分析孩子嫉妒心理的表现与原因。

孩子产生嫉妒心理的原因是多样的，但归纳起来，主要是孩子内部的消极因素和外部环境的消极因素相互影响、相互作用而产生的。如在竞争中受挫会导致他对成功者的嫉妒；因老师表扬他人而产生嫉妒；因自己家境贫寒而对家庭经济地位高的同学产生嫉妒等。父母只有了解了孩子嫉妒心理产生的原因，才能有针对性地进行教育。

第二，帮助孩子形成正确的自我认识。

孩子之所以产生嫉妒心理，是因为他还不能全面地看问题，不能对自己和他人进行正确的评价，这就要求父母在与孩子相处的过程中，要让孩子懂得"金无足赤，人无完人"，每个人都有自己的长处，也有自己的不足。父母不但要正确地认识孩子，还要帮助孩子形成正确的自我认识。

第三，培养孩子宽容的品质。

有嫉妒心理的孩子，注注有自身的性格弱点。如与人交注时，喜欢做核心人物，当不能成为社交中心时，就会发脾气。同时，他们不会感谢人，易受外界影响等。对有性格弱点的孩子，父母要悉心引导。在孩子面前，要对获得成功的人多加赞美，并鼓励孩子虚心学习他人长处，积极支持孩子通过自己的努力去超越别人、战胜自己。孩子学会了事事处处接纳他人、理解他人、信任他人，不仅会发现他人的许多优点，而且也会容忍他人的某些不当之处，求大同存小异。这样，孩子的人际关系就会变得融洽和谐。

第四，引导孩子树立正确的竞争意识。

有嫉妒心理的孩子一般都有争强好胜的性格。所以孩子在交注的过程中，相互的竞争注注会使他们产生嫉妒心理。但嫉妒过于强烈，任其发展，孩子则会形成一种扭曲的心理：心胸狭窄，喜欢看到别人不如自己，并喜欢通过排挤他人来取得成功。所以，父母应该教育孩子正确地认识竞争，让孩子明白对手不是仇人，要学会欣赏他人的成功，分享他人的快乐。另外，父母要引导和教育孩子用自己的努力和实际能力去同别人相比，以求更快地进步和取长补短。不能用不正当、不光彩的手段去获取竞争的胜利，而要把孩子的好胜心引向积极的方向。

第五，帮助孩子克服自私心理。

嫉妒是个人心理结构中"我"的位置过于膨胀的具体表现。总怕别人比自己强，对自己不利。因此，要根除嫉妒心理，首先要根除这种心态的"营养基"——自私。只有驱除私心杂念、拓宽自己的心胸，才能正确地看待别人，悦纳自己，即常说的"心底无私天地宽"。

除此之外，父母还可以让孩子充实自己的生活。因为嫉妒注注会消磨孩子的时间。如果孩子学习、生活的节奏很紧张、生活过得很充实很有意义，孩子就不会把注意力局限在嫉妒他人身上。父母应该帮助孩子充实生活，让孩子多参加一些有意义的活动，转移孩子的注意力，使孩子把精力放在学习和其他有意义的事情上。

第五章 强健身心：修心养生健康行

忠

言传身教正己身

162

家 风 故 事

翟方进宽以待人获尊重

西汉时期，汝南的翟方进与清河的胡常曾经是同窗，在一起研习过经学。

后来虽然胡常比翟方进先当官，但在学问上的造诣却一直不如翟方进，因此胡常对这位昔日的同窗好友十分嫉妒，经常在别人面前讲翟方进的不是，挑他的毛病。这件事情后来传到了翟方进耳中，他非但没有生气，反而在胡常给门生讲课时，派自己的学生去胡常处旁听，并让他们经常向胡常请教经书中的疑难问题，认真记录。胡常并不知道翟方进这样做的初衷，只是过了很长一段时间后，胡常才猛然觉悟翟方进是在有意推崇他，为他树立良好的威望，心中顿时感到羞愧。自此，胡常再也不处处与翟方进作对，反而改变了以往的做法，无论是为官还是论学，都对翟方进极为称赞。

翟方进不以自己的长处比人家的短处，也不像胡常那样因自己不及人而妒忌他人。他宽容待人，谦虚处事，尊重他人最终也赢得了别人的尊重。

原 典 赏 析

【原文】

子曰：不逆诈，不亿不信。

——《论语·宪问》

【译文】

孔子说：不要猜测别人欺诈自己，不要揣度别人不诚实。

言 传 身 教

猜疑，让人疑神疑鬼，心中充满不平、苦闷与烦恼，严重影响身心健康。所以，有猜疑恶习的人，应该彻底反思，努力审视自己，尽快克服猜疑的坏毛病。

远离猜疑，心胸宽广，能让人心情愉悦，更有利于健康长寿。

猜疑是许多人都有的恶习。有的人生性多疑，别人相互间讲句悄悄话，便疑心他们是在讲自己；别人心里不高兴，脸色不好看，就疑心是针对自己；别人无意间讲句不满的话，又疑心是指桑骂槐。试想，这样的人怎么能够健康长寿呢？

要知道，这种无端生疑的消极影响很多，既影响人际相处，又影响自己的情绪，还可能引起一系列错误的行为，轻则伤害了同事、朋友或夫妻的感情，重则给工作、学习、生活与健康带来严重的后果。

所以，作为父母应从小教育子女不要有猜疑心理。

家 风 故 事

孔子教弟子不猜疑

有一年，孔子和他的弟子在陈国和蔡国交界的地方断粮七天，子贡费了许多周折才买回了一石米。

子贡让颜回与子路在破屋的墙下做饭，自己去井边打水。子贡在井边打水时，无意间看见颜回从做饭的锅里抓了一些米放在了嘴里，子贡非常生气，便跑去问孔子："仁人廉士也改变自己的节操吗？"

孔子说："改变节操还叫仁人廉士吗？"

子贡说："像颜回，能做到不改变节操吗？"

孔子说："是的。"

于是，子贡便把自己看到的事情告诉了孔子。

孔子说："我相信颜回是个仁人，你虽如此说，我仍不会怀疑他，这里面必定有缘故。你等等，我问问他。"

孔子把颜回叫到身边说："日前我梦见先人，大概是启发佑助我。你把做好的饭端进来，我想祭奠他。"

颜回对孔子说："刚才有灰尘掉进饭里，留在锅里不干净，丢掉又可惜，我就把它吃了，不可以用来祭奠了。"

孔子说："是这样啊！那我们一起吃吧！"

颜回出去以后，孔子环顾了一下身边的弟子说："我相信颜回不是从今天开始的。"

过了一会儿，孔子似有所悟，又对他的弟子们说："应当信赖的是眼睛，但是眼睛有的时候仍然不足以信赖，应当凭借的是心，可是心有的时候仍然不足以凭借，弟子们记住吧，了解一个人不是一件简单的事情啊！"

孔子的话值得我们深思，亲眼看见的都不一定是真的，更何况那些道听途说的事情呢？

子曰："不逆诈，不亿不信。"意思是说，不要猜测别人欺诈自己，不要揣度别人不诚实。孔子是教导我们不要胡乱猜疑。

让孩子懂得知足常乐

【原文】

知足者富。知足不辱，知止不殆，可以长久。

——《老子》

【译文】

懂得满足的人会很富有。懂得满足就不会招致耻辱，知道适可而止就不会遇到危险，就可以维持长久之道。

言传身教

"知足常乐"是中国的一句俗话，"少欲知足"也正是佛教修行里的最高理想。欲望在一定程度上可以说是促进社会进步发展的动力，可是，人的欲望是没有止境的，如果一个人表现欲太强烈，就会造成痛苦和不幸，想要得到满足恐怕也是一种奢求。也正是因为人心不足、欲壑难填才使自己在每天的奔波劳累中疲惫不堪地度过。

人对"满足"这个词的体会似乎总是没有那么深刻。因此为了知道它是何种滋味，人们孜孜不倦、日夜兼程，企图能够使自己得到"满足"。殊不知那本是自身拥有的财富，在追逐时却被当作废物丢掉了，结果当然是离它越来越远。所以，如果人的心永远不觉得满足，千方百计用名利物欲来填充，最后反而更加空虚，因为那些本来都是美丽的泡沫，空虚而易碎，随时都会破灭。其实，只要生活过得去，大可不必把自己搞得如此狼狈，物质不应该是生活的目的，知足者方能常乐。因此，人不妨活得潇洒一些，不要对那些得不到的和已经失去的东西耿耿于怀。若能随遇而安，那么人生中便能"处处绿杨堪系马，家家有路通长安"了。

家长们不仅要有这种知足的心态，也要培养孩子拥有知足常乐的心态。当然这种知足也是有界限的。如果家长掌握不好这个度，也很有可能让孩子形成不思进取的思想和懒散的习惯。对于这个度，家长一定要把好关，让孩子在正确的人生观和世界观面前能够以微笑来面对。

家风故事

一失"知足"千古恨

很久以前，一个做梦都想发财的人无意间得到了一张密林藏宝图，图的上面标明在密林深处暗藏着一连串的宝藏。他惊喜不已，立即偷偷地准备好一切旅行用具，特地还找了四五个大袋子准备用来装宝物。等一切准备就绪之后，他就偷偷潜入那片密林。对于眼前的一些困难，他无所畏

165

第五章

强健身心：修心养生健康行

惧，一路上披荆斩棘，翻山越岭，冒险冲过了沼泽地，最后终于找到了第一个宝藏。打开宝藏之门，他兴奋地发现：这个屋内都是金币，熠熠夺目，虽然满屋的钱已经够他用上一辈子，但是他依然打算装完以后再接着去寻找第二份宝藏，他兴冲冲地掏出袋子，将所有的金币一股脑地都装进了口袋。等到他离开这一宝藏的时候，看到了门上的一行字"知足常乐，适可而止"。

他看后只是很蔑视地笑了笑，心想：天下有哪个傻瓜会丢下金币走掉呢？于是，他没留下一枚金币，就马上扛着大袋子来到了第二个宝藏处。进门后，满屋子的金条晃得他眼睛都睁不开。一看到这样的场景，他激动得都要晕过去了，他兴奋地将所有的金条都放进了自己的袋子，当他拿起最后一块金条时，发现上面刻着这样一句话："假如你愿意放下屋中的任何一件宝物，你将会得到更宝贵的东西。"

被物欲冲昏头脑的他，根本就没有将这些提醒放在心上，认为下一个宝藏里一定有比金币、金条更珍贵的宝物，于是他马不停蹄地赶往了第三个宝藏处。当他打开第三扇门的时候，他完全震惊了：里面有一块如磐石般大小的钻石，他那双眼睛发出了亮光，他知道拥有了这块钻石就可以富可敌国了，于是他伸出了贪婪的双手将那块钻石小心翼翼地放进了袋子里。忽然他发现，这块钻石下面还有一扇非常小的门，他不禁一阵窃喜，心想：下面肯定是更大、更多的财宝。于是，他想都没想就打开了那扇门，毫不迟疑地跳了下去，谁曾想，等待他的不是什么金银财宝，而是一片流沙。他在流沙中苦苦挣扎，拼力喊叫，想要人来救他，但是他越挣扎陷得越深，此时他后悔已经太迟了，最终他与金币、金条和钻石一起长埋在这一片流沙之下。

培养孩子用音乐愉情

【原文】

移风易俗，莫善于乐。

——《孝经》

【译文】

改变民间习俗，没有比音乐更好的了。

言传身教

古代的时候，人们在不同的场合都要演奏不同的乐曲，大家按着音乐来行礼，一切都显得很有规矩。直到今天，我们所使用的绝大多数乐器，还是用这"八音"制作而成的。

音乐可陶冶人的情操。华夏文明历史悠久，文化丰富，音乐成果也非常丰盛。好的音乐可以提升人的修养，调节人的身心，优美的东方音乐更具迷人的特色。

音乐可以愉悦人的性情。儒家传统讲究"礼乐"治国，注重音乐的政治效果。有"治世之音安以乐""乱世之音怨以怒""亡国之音哀以思""无乐不和"的说法，在古代，音乐起到的巨大作用由此可见一斑。

好的音乐可以调节人的情绪，减轻人们体力上和精神上的劳累，还能催人奋进、表达人的各种不同的心情，喜欢音乐的人往往容易沉浸其中。可是也有一些音乐，让人听上去无精打采，什么心情都没有，或者让人听上去，头脑昏昏沉沉。小孩子正是长知识、求进取的时候，一定要听一些积极健康的音乐，不要去听那些让人没有进取心的音乐。

167

第五章 强健身心：修心养生健康行

因此在教育孩子方面，我们也可以借鉴音乐对人的巨大作用。

细心的父母会发现，当给孩子播放一曲美妙动听、活泼愉快的音乐时，有的孩子会高兴得手舞足蹈，摇头晃脑。这是因为孩子能感受到音的高低、长短，体验到音乐所反映的情绪和思想感情，并与之产生共鸣。

那么，怎么做才能让音乐真正起到愉悦孩子性情的作用呢？

第一，明确学习音乐的目标。

很多孩子一开始很喜欢学习某项乐器，比如钢琴、小提琴等，后来就厌恶了，因为他们从中得到的不是性情的陶冶和愉快的情绪，而是由父母唠叨和吵骂而引起的焦虑、烦躁、单调、无奈甚至失望。

为了考级而把一首曲子反复地练习很多遍，父母有时免不了情绪化地训斥孩子，把生动活泼的艺术追求和享受变成单调乏味的机械训练，致使孩子考了级就再也不愿意弹琴。这种功利主义的观念和做法是万万不可取的。

音乐智能是人类八种潜能之一。从胚胎期起，孩子就开始吸收母体内的节奏和语音，良好的感官体验为他们奠定了牢固的听觉基础。出生以后对声源的探究意识发育很快，父母帮孩子进行有节奏的身体运动能丰富他的音乐感受。4岁以后在适宜的教育环境下，可以初步接触乐理和键盘乐器。

孩子学习某项乐器的时候，只有父母教育观念上的站位比较高，对孩子教育价值有比较理性的认识，才能让弹奏乐器和欣赏音乐成为孩子一生的高雅乐趣和人生修养。

因此，培养孩子学习音乐的好习惯，既要重视乐器学习又不能把这当成重中之重，而应把这一学习过程转化为积极的人生教育，才能让自己的孩子真正享受到艺术的熏陶和启蒙教育。

第二，掌握培养孩子音乐细胞的正确方法。

每个人都有音乐潜能，早期音乐体验质量决定孩子音乐潜能发挥的程度，因此对孩子进行正确的音乐教育是关键。

聪明的妈妈能够把音乐启蒙与身体运动有机地结合起来。

妈妈可以在孩子的脚上系一个小铃铛，让他在走路、跑步的节奏中感受声响。孩子高兴的时候，有时会即兴跳舞、扭摆身体，有时会自得其乐地哼唱，虽然可能曲不成调，但是大人要积极鼓励，最好与孩子一起扭摆哼唱。成人可以有意识地为孩子的动作打节奏，配合他的走、跑、跳等身体运动。鼓励孩子敲敲打打的行为，让他感受声源与声响的关系，只要没有影响别人的行为，大人不要因吵闹烦躁而阻止孩子。

父母对孩子的要求不能过高，如果超越了孩子发展的速度和限度，结果将适得其反，不仅扼杀了孩子对音乐的兴趣，还可能压抑孩子的个性。学习乐器必然要学习演奏技巧，要求孩子有一定的乐理知识和小肌肉控制协调能力，父母应开动脑筋想一些办法，使孩子始终对音乐感兴趣，这一点是至关重要的。

音乐是一种声音艺术，培养孩子的乐感，听觉是关键。家长应为孩子创设一个安静、舒适的音乐艺术环境，给孩子精心选择一段乐曲，每天早、中、晚播放 3 次，而且至少应持续 5 个月欣赏同一乐曲，也就是说乐曲大约要被欣赏 450 次，这样才能使孩子真正受到良好的音乐熏陶。随着年龄的增长，可选择莫扎特、舒伯特等名作曲家的曲子。

孩子年龄小，对一些复杂的情感不能理解，但他们能感受诸如欢快的情绪、安静的气氛等。教孩子学唱和谐、明快、有一定教育意义的歌，对孩子理解音乐情绪有一定的帮助。如《一分钱》《找朋友》《铃儿响叮当》《爱护小树苗》等，当那和谐、明快、动听的旋律渗入孩子心扉的时候，他们的情绪不知不觉地就会受到鼓舞。

第三，让孩子参加某个音乐团体。

学习一门乐器，等到能够达到可以在乐队或是交响乐团里演奏的水平，对孩子来说是一个相当孤独的旅程。把很多孩子聚集起来合奏，对孩子来说是令人无比兴奋的事情。平日的上课和练习可能好玩也可能不好玩，但是间或借着这些集体活动的机会让孩子们在一起追逐玩耍，同时在一起演奏所有他们知道的曲目，这可是太有趣了。

第五章　强健身心：修心养生健康行

家风故事

伯牙"高山流水"遇知音

春秋时期，有一个叫俞伯牙的人，他是当时著名的音乐家，琴艺高超。他年轻时曾经跟一位名师学琴，虽然水平一天比一天高，但他总觉得不满足，总是认为自己的琴声中缺少对各种事物的感觉。于是，他的老师便带他来到了东海的蓬莱仙岛，让他在大自然中感受声音和景物的妙趣。

有一天晚上，俞伯牙坐在船上，看着身边平静的风景，心中涌起了很多的思绪，于是弹起琴来，就在俞伯牙沉浸在琴声之中的时候，突然，琴弦断了。俞伯牙抬起头来，只见一个樵夫模样的人站在岸边，正定睛看着他，见他抬眼望到了自己，便对着他拍手叫绝，这个人，就是钟子期。

俞伯牙知道自己遇到了知音，于是把钟子期请到船上，接好琴弦，为他单独演奏起来。当俞伯牙弹到自己创作的《高山》时，钟子期说："我好像看到了雄伟的泰山，高耸入云。"当俞伯牙弹到自己创作的《流水》时，钟子期说："啊！就像是看到了无边的大海，浩浩荡荡，奔流不息。"就这样，无论俞伯牙弹到哪一首乐曲，钟子期都能准确地说出音乐中的意境，俞伯牙由衷地说："你真是我的知音啊！"

两个人依依不舍，相见恨晚，拉着手，说了很久的话。后来，两个人便结拜为兄弟。

没过多久，俞伯牙要离开这个地方了，便和钟子期约定，明年的今天还到这里来相见，一起研究乐理。

可是，当第二年俞伯牙故地重游时，却听说钟子期已经病逝了。俞伯牙万分悲痛，来到钟子期的坟前，大声地哭道："你走了，从此我弹琴给谁听呢？这个世界上，再也没有像你一样的知音，再也没有值得我抚琴的人了！"说完，俞伯牙用力地把琴扔在了地上，琴被摔成了两截。从此以后，俞伯牙一直到死，也没有碰过琴。

这个故事，就是从我国古代流传至今的"高山流水遇知音"。

让孩子学会欣赏美

【原文】

人与天调，然后天地之美生。

——《管子·五行》

【译文】

人类要与自然界的阴阳相协调，然后自然界才会有美好的事物产生。

言 传 身 教

人是自然界长期发展的产物，是自然界产生的"最美的花朵"。自然美由简单到复杂，由低级到高级，逐步发展提高，终于到达它的最高阶段，即人体美。人体是一个高度精密而完善的整体性组织，在自然事物中完整性是最强的，人体的完整性表现在各个肢体和器官的严格分开、高度协同、和谐一致。

人体的高度完整性，还表现在外部现象与内在本质的关系上。外部现象明显地显露人体的内在生命，人体到处都显示出人是一种受到生气灌注的能感觉的整体。由于"有意识的生命活动直接把人跟动物的生命活动区别开来"，因而人体具有高度的能动性，具有高度发展的运动能力。由于人体的完整性，由于人体的能动性，更由于人类有意识的生命活动，所以人体有着鲜明的个体性。人一方面要秉承先天的资质和本能，另一方面却要努力培育自己，成为那样的人。

由此可见，人体是发展到最高阶段的具有显著的完整性、能动性、个体性的自然事物。人体美是最高阶段的自然美。马克思说："人是按照美的规律来造型的。"随着人们生活水平的不断提高，体育运动的蓬勃开展，体育美学的深入研究，人们对于美的追求，人体将越来越美。

然而，人的形貌是天生的，一般情况下，不会有太大的改变。然而人内在的修养，却可以得到很大程度的提升。也就是心灵美的提升。心灵美是指人的品德、学问、修养、举止、谈吐、能力、才艺、智慧、志趣、爱好、风度等内在的美。心灵美对一个人来说是本质的美，它与外在美相比，占有主导地位，起决定作用。

美对孩子来说非常重要。孩子会通过对美的认识，为自己创造更美的生活，要想培养出一个美好的孩子，可以从生活中的细节做起。

第一，从孩子的心理出发，因势利导地进行美的教育。

孩子对美的理解与成人不同。他们在欣赏一个事物的时候，注往更注重于外表，表面的形态和色彩更容易吸引孩子的注意力，却不能触及事物的本质，领悟不到美的内涵。为此，父母应该尊重孩子对美的价值观念，从实际出发，因势利导地进行美的教育。父母可以用形象生动的方法，向孩子传授一些关于辨识美的知识和欣赏美的经验，再在这些知识的指导下，引导孩子提高感受美的能力。在这个过程中，父母可以逐步培养孩子对美的情趣，但是不能急于求成，也不能把自己对美的感受强加于孩子的身上，而抹杀孩子对美的独特感受。

第二，培养孩子感受美的能力。

一首好听的乐曲、一幅优美的画卷、一个善意的行为，都能带给人美的感受。培养孩子感受美的能力，一方面要客观地认识事物，另一方面要与自己的感情相融合，这样才能提升对美的意识。只有长期耳濡目染、潜移默化，让美的事物在记忆中留下痕迹，孩子才能拥有评价美的能力，进而升华对美的要求。

第三，在认识美的过程中学会创造美。

美的感受能够带来非常愉悦的心理。我们在教孩子认识美的过程中，也应该教会孩子创造美。在生活中创造美的形象，发出美的声音，做出美的行为，完善孩子的人格，才是美育的最终目的。家长要重视"以美促健"，提高孩子的全面素质，才能最终使孩子形成较为完善的人格。

家庭是孩子生长的第一环境，也是最初萌发美的所在。家庭美育对少年审美能力的发展，有着不可忽视的作用。家庭美育大致包括如下内容：

首先，良好的家庭环境是家庭美育的前提。少年常根据长辈的审美观点判断美丑，父母的言行、仪表、品质对少年审美心理的影响是十分重要的。父母应在行为美、心灵美、语言美等方面做出榜样，形成和睦向上的家庭气氛，建立一个文明、整齐、美观的家庭环境，让孩子们天天呼吸着美的空气，耳濡目染于美的事物。

其次，游戏和艺术活动是家庭美育的重要手段。

在儿童早期生活中，一切活动都带有游戏性质，在他们脑海里生活就是游戏，游戏就是生活。孩子的这一天性，在少年时期仍然保存着，只是这一时期的游戏越来越向艺术方面转化。父母应该尽可能为孩子们提供这种活动的机会，让他们在上课学习之余，学学绘画，听听音乐，读一读文学作品。父母还可以与孩子们共同从事这些活动。这样，既能给他们带来特殊的乐趣，又可以通过这些活动，了解他们的内心世界，了解他们的爱好兴趣，更好地进行审美教育。

最后，自然界是家庭美育的重要课堂。

丰富多彩的大自然是陶冶心灵、启迪智慧的理想天地。原野上的一朵小花，树林中的一只鸟，天空的一片云彩，都可能引发孩子们的忧思遐想。自然界中鸟儿的歌唱声，风儿的呼啸声，树叶的沙沙声，流水的潺潺声，都可能使孩子们心灵受到感动。父母可以通过带孩子们游览，有意启示，让孩子们从小就观察自然，感受自然，亲近自然，充分领悟大自然的美。这对丰富他们的感情，发展他们的想象力，是十分必要的。

家风故事

林长民教女欣赏美

林徽因出身名门，她的祖父是光绪年间的进士，曾参加过孙中山领导的革命运动，她的父亲林长民曾留学日本，归国后出任福建官立法政学堂教务长，后与梁启超等人创办《国民公报》，倡导宪政，是一位著名的活动家。生长在这样的书香世家，林徽因从小就接受了很好的文化熏陶，还在父亲日本留学期间，祖父和才女姑姑就教给她中国古典文化知识，使其对诗词、字画都颇有研究。

林长民归国以后，对女儿更是疼爱有加。由于女儿喜欢文学创作，对建筑方面的知识也颇感兴趣，而想要在这两方面有所提升，必须要重视孩子的美育，所以林长民总是寻找各种机会对林徽因进行美的教育。为了开阔女儿的视野，也为了增强女儿对美的感受，林长民决定让林徽因接触西方的文化。

1920年，林长民要远行欧洲，他决定带着林徽因同行。在出行前，他曾写信给林徽因说："我此次远游携汝同行，第一要汝多观览诸国事物长见识；第二要汝近我身边能领悟我胸襟怀抱；第三要汝暂时离去家庭琐碎生活，开阔眼界，养成将来改良社会的见解和能力。"

就这样，花季的林徽因带着家训中打下学习的基础，感受异域的天地，与父亲行走于美丽的欧洲。他们的足迹遍及日内瓦、罗马、伦敦等地。美丽的欧洲风光，大大地开阔了林徽因的视野，也给她带来了关于美的不一样的感受。

林长民不仅让女儿在游览中体会不同的美，更注意在细节中对女儿进行美的教育。有一次，他们在教堂里看到了一幅圣母玛利亚的画像，心思细腻的林徽因感慨地说："这幅画像好美！"林长民当即问女儿："美在何处？"林徽因回答说："女性的线条显得特别细腻，脸上也充满了感情。"林长民笑了，指点女儿说："真正的美不仅表现于形象，更表现于心灵。你只看到了美的表象，而没有抓住美的内涵。世间万物，以不同的形式存在，也会用不同的形式表现自己的魅力，你要懂得识别，才算真正了解美的神韵。"林徽因听了，连连点头。

在父亲的指导下，林徽因不仅体会到了不同的美，还把对美的认识应用到文学和建筑学中，最终在这两方面都取得了非凡的成绩。

在林徽因的成长过程中，由于父亲深知美育对孩子的重要性，于是带着她游览各国，并且为她讲解美的内涵和实质，让她逐渐认识到真正的美，并且把学到的知识融入生活和创作中。美育，对于孩子的成长来说非常重要，孩子会按照一定的审美理想和审美标准，根据自己的审美情趣来对事物的美与丑做出判断。美育包括培养孩子认识美、评价美、感觉美、鉴赏美、享受美、表达美、创造美的意识和能力，以此来帮助他们形成高尚的情操，愉悦他们的精神，美化他们的心灵，启迪他们的智慧，使他们的生活达到一个更高的境界。

让孩子懂得放弃

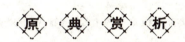

【原文】

人有不为也，而后可以有为。

——《孟子》

【译文】

要懂得放下一些东西，才能够有所得。

言 传 身 教

　　人的一生不可能事事圆满，有所得必定有所失，要学会舍弃，才能有豁达的人生，才不至于留下那么多遗憾。如果不懂得舍弃，越是什么都想要，越是什么都得不到。曾有人说："选择了乡村的宁静安逸，就要放弃城市的灯火阑珊；选择了淡泊的平凡，就要放弃声名鹊起的荣耀。"其实，放弃是一种智慧，懂得放弃的人是有大智慧的人。一个人如果放弃了烦恼，便会与快乐为伍；放弃了自私自利，便能进入大公无私的超然境界。人生不要总遗憾得不到的东西，而是应当珍惜自己已经得到的东西。幸福的人只记得一生中幸福欢乐的时光，不幸的人只记得相反的内容。

第五章　强健身心：修心养生健康行

有一位父亲问了儿子这么一个问题：如果你喜欢的乒乓球掉进了洞里，应该怎么办？儿子说，可以注洞里灌水让它浮上来啊。父亲说土很干，注水很快就被吸收掉了。儿子又说可以拿根棍子，蘸上胶水，把它粘上来。父亲继续刁难孩子，说那个洞是 S 形的，棍子根本伸不下去。儿子想了想又说，那就把这个洞炸开。父亲大笑，炸开洞球也就坏了。儿子说那不要好了，你再帮我买个新的。父亲这才欣慰地笑着说，对了，这道题的正确答案就是放弃。

这个故事中的孩子是个懂得放弃的孩子，如果他不放弃，而是按照上述几种方法去做的话，不仅浪费了时间和精力，最后也一无所得。而这位父亲更是一位懂得教给孩子学会放弃的好父亲。让孩子学会理智地放弃一些不必要的东西是每个家长都要教给孩子的一种人生态度。家长应当让孩子懂得，对于一些东西，该放弃的时候就要学会放弃，不要让自己钻了牛角尖，不要让固执绊住了自己前进的脚步。

然而，令人感到遗憾的是，生活中没有几位家长能像这位孩子的父亲一样，对人生有一种通达的态度。很多家长在浮躁功利的现代社会里，为了能够让自己的孩子脱颖而出，成为同龄人中的佼佼者，能够在将来的竞争中成为一名胜利者，不惜投入重金多方面培养孩子，时刻激励孩子要有上进心，要勇攀高峰，要拿到好成绩，要考上重点大学，要找到好工作；鼓励孩子要发扬坚持不懈的精神，做事要持之以恒，百折不挠。于是，往往不顾及实际情况，不考虑孩子的承受能力，一味地让孩子在各方面都要突出，都要优秀，力求鹤立鸡群，让孩子时时刻刻都像是一根紧绷的发条。

孩子在成长中积极向上，并且为了目标坚韧不拔地努力是无可厚非的，尤其是在要求越来越高的今天，让孩子广泛深入地学习，努力地汲取新知识，这都是理所应当的，但是要注意适度，应当考虑孩子的承受力。

另外，对孩子进行全面的培养，让孩子获得全面发展并不意味着让孩子方方面面都异常优秀，而是应当根据教育条件以及孩子自身的心理特点、兴趣爱好进行选择和舍弃，没必要将时间浪费在一些无谓的东西上面。同时要培养孩子的心胸，让孩子灵活处事，不要一头钻进牛角尖里。假如孩子不慎遇上了与其先天性格不符的事物而陷了进去，家长更要帮助孩子解脱，让孩子走出迷津。

在为孩子制定目标的时候，要观察孩子到底喜欢做什么，不喜欢做什么，能够做什么，不能够做什么，不要让孩子在那些自己既不擅长又没有兴趣的领域浪费时间，耽误工夫。假如孩子在难以成功的路上白白浪费时间，家长应马上抓住机会，教孩子学会现实地思考问题，以退为进，学会选择，学会放弃，转而将时间和精力充分地用在适合发展的领域，这才能够促进孩子的全面发展，才能够让孩子取得成功。

在孩子涉世未深的时候，家长最好不要给孩子过高的阶段目标，也不要让他认为某些要求或目标必须达到，否则就是无能、没用的人。

人生本就各不相同，又何必拿自己的孩子和别人家的孩子去比较。而且家长在比较衡量的同时，孩子也会潜移默化学会和别人做比较。比如说，孩子看到别人拥有新奇的文具、流行的时装、现代化的装备，就会情不自禁地也想拥有。所以，我们在帮孩子确定目标和理想的时候，不要总是把标准锁定在别人身上，这样只会让孩子迷失自己。家长倒不如启发孩子多与自己比较，只求每天自我反省，进步一点点。

家 风 故 事

有舍才有得

唐朝郭子仪，爵封汾阳王。王府建在首都长安的亲仁里。汾阳王府自落成以后，每天都是府门大开，任凭人们自由地进进出出。而郭子仪不允许府中的人对此加以干涉。有一天，郭子仪帐下的一名将官要调到外地任职，来王府辞行。他知道郭子仪府中百无禁忌，就径直走进了内宅。恰巧，他看见郭子仪的夫人和他的爱女正在梳妆打扮，而王爷郭子仪正在一旁侍奉她们，她们一会儿要王爷递手巾，一会儿要他去端水，使唤王爷就好像使唤奴仆一样。这位将官当时不敢讥笑郭子仪，回家后，他禁不住讲给他的家人听。于是一传十，十传百，没几天，整个京城的人们都把这件事当成笑话来谈论。郭子仪听了没觉得有什么，可他的几个儿子听了，倒觉得大丢王爷的面子。他们决定向他们的父亲提出建议。他们约好后一同来找父亲，想要父亲下令自家的王府要像别的王府一样，关起大门，不让闲杂人等出入。郭子仪听了哈哈一笑，几个儿子哭着跪下来求他，一个儿子说："父亲您功业显赫，普天下的人都尊敬您，可是您自己却不尊重自己，不管什么人，您都让他们随意进入内宅。孩儿们认为，即使商朝的贤相伊尹、汉朝的大将霍光也无法做到您这样。"

郭子仪听了这些话，收敛了笑容，对他的儿子们语重心长地说："我敞开府门，任人进出，不是为了追求浮名虚誉，而是为了自保，为了保全我们全家人的性命。"

儿子们感到十分惊讶，忙问这其中的道理。郭子仪叹了一口气，说道："你们光看到郭家显赫的声势，而没有看到这声势背后的危险。我已爵封汾阳王，今后再没有更大的富贵可求了。月盈而蚀，盛极而衰，这是必然的道理。所以，人们常说要急流勇退。可是眼下朝廷还要用我，怎么能让我归隐呢？再说，即使归隐，也找不到一块能够容纳我郭府一千余口人的隐居地呀！可以说，我现在是进不得，也退不得。在这种情况下，如果我们紧闭大门，不与外面来往，只要有一个人与我郭家结下仇怨，诬陷我们对朝廷怀有二心，就必然会有专门落井下石、妨害贤能的小人从中添油加醋，制造冤案。那时，我们郭家的九族老小都要死无葬身之地了。"

郭子仪之所以把府门敞开，是因为他深知官场的险恶。正因为他具有高远的政治眼光，又有一定的德行修养，善于忍受各种复杂的政治环境，必要时牺牲掉局部利益，才确保了全家安乐。

第六章

身体力行：良好习惯早养成

　　孩子的行为在很大程度上取决于他的习惯。一个小小的习惯，往往能反映出一个孩子的思想、作风、道德或文明的程度。养成良好的习惯是行为的最高层次，是一种定型性行为。在心理上，它是一种需要，一旦形成习惯，就会变成人的一种需要。想要养成某种好习惯，要随时随地注意身体力行、躬行实践，才能习惯成自然，收到好的效果。

养成早睡早起的好习惯

【原文】

家中后辈子弟体弱，学射最足保养，起早尤千金妙方、长寿金丹也。

——《曾国藩家书》

【译文】

家中后辈子弟们体质虚弱，学学射箭最能强健体魄，起早更是千金良药、长寿秘诀。

言 传 身 教

曾国藩先生曾经说过，看一个家族是兴是衰，可以从三方面看：第一，他的后代子孙睡到几点，如果起来很晚，就会很懒散，就不会珍惜别人的劳动付出，就不知道感恩；第二，后代子孙有没有帮忙做家事；第三，后代子孙有没有读圣贤书。朱子格言中说，"子孙虽愚，经书不可不读"，因为不读经书，就不能明理，不能明理，是非善恶就不能判断清楚。

我们的身体结构是在数百万年的"日出而作，日落而息"的节律中形成的。我们应该顺应自然，按照大自然的生物钟来安排自己的生活。

如果经常"开夜车"，打乱正常的生活节律，就会影响睡眠质量，次日起床后会感觉精神疲惫，头脑不清醒，不仅影响第二天的工作和生活，也危害到自己的健康。偶尔这样几次还不要紧，影响不大，可是如果长时间这样的话，会打乱大脑正常休息的节律，就很可能出现胸闷、心慌、头晕、健忘、腰酸、失眠、烦躁、脾气变差、口腔溃疡等症状。

科学、规律的作息安排有利于保证高质量的睡眠。良好的睡眠可以帮助我们消除疲劳，恢复体力和精力，以便更好地投入第二天的工作和学习中。

为了我们的健康，也为了我们做事时的高效率，我们要养成保证自己充足休息的习惯，做到"该做事的时候做事，该休息的时候休息"。

以下几项活动可以帮助缓解疲劳，有助于帮助人们养成休息的好习惯：

第一，平躺。

当你感觉疲劳时，可以平躺在地板上，使身体尽量伸直、放松，每天重复几次，便可驱散疲劳。

第二，接触大自然。

疲惫时，将自己投入大自然的怀抱，这是一个非常有效的方法，你可以戴上太阳镜，躺在柔软的沙滩上，望着蔚蓝的天空，聆听大自然的呼吸，感受亲触大自然的感觉。

第三，深呼吸。

用稳定的深呼吸平定自己，放松自己的身心，印度的瑜伽术在深呼吸这方面做得比较好，对安抚神经有很大的好处。

第四，可以给自己放个假。

会生活的人并非整年埋没于学习或工作当中，他们懂得给自己放假，懂得劳逸结合，这样才有益于身体健康。不时给自己放个假，使自己彻底放松一下，这么做不但不会影响学习或者工作的进度，反而能够提高效率。当自己备感疲惫时，放下学习或工作，转向自己喜欢的业余爱好，和朋友一起进行户外运动，和家人一同外出旅游，到一个清静的地方小憩一下，这样生活质量才会有所提高，也会有更充足的激情和精力投入接下来的工作和学习中，从而更有可能取得成功。

家 风 故 事

"80 厘米" 的人生

有一位父亲看到自己的孩子整天游手好闲，一天，父亲就拿了一根 80 厘米长的木棍对孩子说："儿子，人生就好像这根木棍一样，80 厘米相当于 80 年的时间，前 20 年你在学习，这段时光你对家庭、对社会没有贡献，我们把它砍掉。""咔嚓"一声，把木棒前端的 20 厘米砍掉了。父亲接着又说："人到了 60 岁以后身体比较衰弱，也没有力气做事情，所以后面 20 年也要去掉。""咔嚓"一声，木棒后边的 20 厘米也被砍掉了。父亲接着又说："剩下的有三分之一都在睡眠上用掉了，这三分之一也不能算。"说完就又砍掉了余下的三分之一。在这个过程中，儿子的内心每次听到"咔嚓"声都受到一次强烈的震撼。接着父亲又说："你每天要吃饭，还有其他杂七杂八的事情，所以应该再砍一段。"又砍了一段。这时孩子跟父亲说："爸爸，你别砍了，我明白了。"父亲接着说："你不明白，因为这一生你不知道要生多少次病，躺在病床上，所以也要砍掉一些。"孩子这时"扑通"一声跪在了地上，说："爸爸，我真的明白了。"他的父亲拿着余下的木棍，对他说："你看人生只剩这么短的时间能够真正做有意义的事，孝敬父母，奉献国家，奉献社会，既然都这么少了，你还拿来挥霍，那就太不应该啦。"孩子终于悔悟了，流下了忏悔的眼泪。

培养热爱劳动的好习惯

【原文】

四体不勤，五谷不分。

——《论语·微子》

【译文】

不参加劳动，不能辨别五谷。

言 传 身 教

世界上一切创造都是与劳动分不开的。如果没有人把树干凿空当渡船，现在也就不会有远渡重洋的海轮；如果没有第一部手摇的纺车，也就没有近代的纺织机；如果没有第一把锄头，也就不会有拖拉机在田野上奔驰；如果没有古代火药的发明，就不会有今天的卫星上天。劳动创造世界，劳动创造未来。而每项科学的发明，每个新的创造，都来自辛勤的劳动。

现在的父母因为爱孩子，什么都不让孩子亲自动手。在大部分父母眼中，孩子只要学习好，就能成才成人。这使得孩子自理能力非常差，养成衣来伸手、饭来张口、不思感恩、自私自利的坏毛病。在以后的个人成长中，一旦受到家庭、事业、人际关系的困扰就会意志消沉，萎靡不振。因此作为父母，爱孩子没有错，但是不要过分地溺爱，要为孩子的长远打算，使孩子从小养成热爱劳动的好习惯。

首先，劳动是孩子成才不可缺少的关键环节。

孩子不做事，永远都不知道做事的艰难，增强不了自信心，得不到做事带给人生的机遇和进步！孩子在家里多做事，可以设身处地地体会到家长的辛苦，帮助父母分担劳动，逐渐养成承担家庭、社会的责任。家长不用担心劳动会耽误孩子学习。劳动可以锻炼孩子的动手能力和解决问题的能力，这个直接作用于孩子的逻辑思维能力，可以提高孩子的数学和物理的学习能力以及语言逻辑能力。孩子经常做家务，可以体谅家长的辛苦，逐渐承担起自己在家庭里、社会上的责任，有利于培养孩子良好的品质。所以，如果不劳动就会导致孩子某些方面能力的缺失，为了孩子顺利成才，父母一定不要让孩子的双手束之高阁。

其次，劳动是快乐的源泉。

人世间还有什么比收获更快乐的事情呢？但是收获有个最基本的条件，那就是付出。正所谓"一分耕耘，一分收获"。爱劳动的人心中都有个深切的感悟，那就是劳动很快乐！当今的孩子从小在蜜缸里长大，很多人不知道劳动为何物。让孩子体会劳动的快乐，是一件很重要的事情。很多时候，家长才是孩子懒惰的推手。经常让孩子做些小劳动，让孩子从劳动的快乐中体会到收获的幸福，孩子就会更加勤于劳动了。

最后，把劳动与金钱联系起来。

有的人能够驾驭金钱，有的人则被金钱驾驭。能够驾驭金钱的人是金钱

第六章 身体力行：良好习惯早养成

的主人，被金钱驾驭的人是金钱的奴隶。在新的时代，经济世界丰富多彩，要想成功驾驭金钱，就要有驾驭金钱的方法和能力，也就是财商。两个孩子去商场买文具。A走进一家商铺，看到这支铅笔不错，于是掏钱买下了。到了另一个商铺，又看到一种铅笔，外形要更精致些，而且价格也便宜好多，毫不犹豫地取出钱，又买了一支。B则和A不一样，B走进商场，东转转，西看看，从这家商铺走到那家商铺，一连逛了十几家，比来比去，挑出自己最喜欢、质地不错、价格适中、最好用的那支铅笔，买了下来。

第二天来到学校，两个孩子的铅笔显然没有多大区别，互相问了价格，B比A节省了好几元钱呢。

很显然，这两个孩子的财商并不一致，一个孩子懂得适度消费，一个孩子则不懂。那么，怎么让孩子懂得适度消费呢？孩子的用钱能力来自父母的培养。当父母给孩子零花钱的时候，告诉孩子钱是辛苦劳动挣来的，消费的时候要货比三家、砍砍价、挑货真价实的买。不管父母是蹬三轮的，还是开的士的，或者当老板的，都要把自己工作的艰辛告诉孩子，让孩子明白自己的父母工作有多辛苦，家里的钱有多么来之不易。这样，孩子就会珍惜钱了。

我们知道，孩子在任何年龄段都有参与劳动的渴望。而且，他们也和成人一样，希望通过劳动来体现自我的重要性。所以，无论是琐碎的家务劳动，还是一些在成人眼里无足轻重的工作，教给孩子去做，孩子都会从中体味到快乐和幸福。让孩子学会自理，承担一些家务劳动，为的是培养孩子的独立性及家庭责任感。我们不仅要让孩子在实践中学习一些生活劳动技能，更重要的是培养孩子热爱劳动的思想、习惯、吃苦耐劳的精神，培养有责任感、独立自强的精神及坚强的意志。有了这些良好的思想品质，就可以将其"迁移"到学习、工作、事业等方面，对他们一生的成长都有好处。

家长要尊重并培养孩子自我服务、热爱劳动的意识。因为从幼儿起，孩子就有了独立意识，他们什么都要求"我自己来"。随着年龄的增长，他们不仅要独自穿衣服、洗脸洗手，而且还要自己洗手绢、洗袜子，自己修理或者制作一些玩具，甚至还想自己上街买东西，对于孩子正在萌发的独立意识，我们一定要予以重视、支持和鼓励。如果经常压制孩子的独立愿望，他将来可能会成为一个处世消极、无所作为的人，这样的孩子只会什么事都要等大人替他准备好。家长应该让孩子树立"我会""我能自己做"的自信心。"我行"这种自我感觉很重要，因为它是孩子得以发展的原动力。

对于幼儿来说，首先要有自我服务式的劳动，比如自己穿脱衣服、整理和收拾玩具等，这需要他们付出很大的努力，克服一定的困难。作为家长，应鼓励孩子克服困难，坚持让孩子自己去做事，孩子哭闹不愿意做，要不心软、不妥协。家长若感情用事，不仅不能给孩子勇气，无助于孩子克服困难，相反，只会增加孩子的软弱和懒惰。

对孩子的劳动教育，越早越好，特别是在孩子有劳动欲望的时候，家长一定要因势利导地鼓励孩子的积极性，对孩子进行具体的指导，即使做得不好也没关系，孩子的劳动意识和能力会逐渐地得到培养和加强。当孩子体验到劳动的快乐后，他就会愿意参与劳动，由此形成良性循环。

家风故事

毛泽东教子扫厕所

1937年，毛泽东带着儿子岸英在延安凤凰山某地居住。当时岸英只有十四五岁。

在毛泽东住的院外有个小厕所。这里以前一直由警卫班的同志打扫，可是一连很多天，厕所总是在战士们去之前就被打扫干净了。战士们心中很是纳闷儿。

一个大雪过后的清晨，战士们很早就起来扫雪。当警卫班长准备去扫厕所附近的积雪时，发现厕所外的积雪早被打扫完了。"是谁打扫的呢？"大家估摸着，一时却猜不出来。忽然，班长听厕所里有人说话："你到炉灶里掏些灰，用筐子挑来，往厕所里撒一撒。"多么熟悉的声音啊，班长立刻就听出了这是毛泽东同志和小岸英的对话。

原来，毛泽东同志为了培养岸英从小爱劳动的好习惯，特意和岸英一起打扫厕所。从这以后，警卫战士们经常可以看到一个小男孩打扫厕所，很少间断过。

毛泽东学打草鞋

秋收起义以后，毛泽东带着队伍上了井冈山。由于敌人的封锁，井冈山的生活十分困难。

面对重重困难，毛泽东向红军指战员发出号召：没有粮，我们种；没有菜，我们栽；没有布，我们织；没有鞋，我们自己动手编草鞋！

一天，毛泽东外出回家。他看见半山坡的一间小茅屋前坐着一位白发苍苍的老汉。走近一看，老人正在打草鞋。毛泽东高兴地走上前去。老人见是毛委员，赶紧起身打招呼。毛泽东笑着说："老人家，我拜你为师来啦！"老人听毛泽东这么一说，一下子丈二和尚摸不着头脑。

毛泽东忙指着老人手中的草鞋说："向你学打草鞋好不好哇？"老人用怀疑的眼光望着毛泽东："毛委员，你要穿草鞋，我替你打就是了。"

"不行！我要自己学会！"

"你这样忙，哪有时间学呢？"

"我白天没空，晚上学吧！"毛泽东说。

这天傍晚，毛泽东果然来到了老人的家。他进门就说："老大爷，我真的学打草鞋来了。"

老人连忙拿出工具和稻草。他一边打，一边讲。毛泽东坐在一旁仔细地听，仔细地看，每一个步骤，每一个动作，都默默地记在心里。不一会儿，一只草鞋打好了。毛泽东拾起地上的稻草，对老人说："让我来试试吧！"说着接过老人递上的工具。

就这样，毛泽东这双拿过笔、握过枪、指挥过千军万马的大手，又在井冈山上的一间小茅屋里打起了草鞋。他是那么认真，那么专注。他学着老人的样子，细细琢磨着老人讲的每一个要领，有时还问上几句，很快一只草鞋打成了。

老人看着毛泽东打的草鞋惊讶地说："毛委员，没想到你草鞋打得还真不错啊！"

毛泽东学会了打草鞋，他又一招一式地教给战士们。大家见毛泽东亲自教他们打草鞋，都学得非常认真。

毛泽东不仅教会了战士们打草鞋，而且给大家树立了一个勤劳俭朴的好榜样。

养成勤俭节约的好习惯

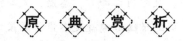

【原文】

由俭入奢易，由奢入俭难。

——《资治通鉴》

【译文】

从节俭到奢侈很容易，但要想从奢侈到节俭却很难。

言 传 身 教

"由俭入奢易，由奢入俭难"，曾国藩也说过类似的话，这都是他们生活经验的总结。教育子女从小养成俭朴的生活习惯，有利于他们的健康成长。孩子如果养成了大手大脚的消费习惯，不仅很难矫正，而且容易误入歧途。

勤俭不是吝啬，它和吝啬是不同的，勤俭是懂得珍惜，该花的则花，不该花的坚决不花，就是通常说的"好钢要用在刀刃上"。有些人，对自己简直是吝啬到了极点，但是在外人需要帮助时，却毫不犹豫，救人于危难中，这不是吝啬。卡耐基说："一般人往往把节俭和吝啬看作一对孪生儿，这真是一个天大的错误。其实，'节俭'的意思是：当用则用，当省则省。换句话说，就是省用得当。而'吝啬'的意义却是当用不用，不该省也省。"家长要教育孩子成为一个节俭的人，但是分不清节俭与吝啬的区别，孩子就可能成为一个不讨人喜欢的吝啬鬼。

当今人们的生活条件越来越好，很多家庭的孩子不知道财富来之不易，不知道父母的艰辛，从小就形成了花钱大手大脚的习惯，俗话说"成由勤俭

第六章 身体力行：良好习惯早养成

败由奢"，孩子的消费习惯如果不能在小时候得到及时的改正，等到长大之后就可能成为一个挥金如土的败家子，再大的家业也会挥霍一空，最后弄得个倾家荡产。因此，父母加强孩子的勤俭教育是非常有必要的。

孔子说："奢侈了就不懂得恭敬谦顺，节俭了就容易孤陋寡闻。与其不恭顺，宁可孤陋寡闻。"的确，与其让孩子傲慢无礼还不如让他们孤陋寡闻。因为知识、见识可以随着今后的阅历和成长逐渐积累、加深，终有博闻强识的一天。但是一个人一旦品德败坏，养成傲慢无礼的毛病就很难再改过来了。

另外，还要做到节俭而不吝啬。节俭，是对自己而言；吝啬，是对他人而言。现在讲到乐施好像成了一种奢侈，讲到节俭好像就是吝啬。如果能够做到乐施但不奢侈，节俭但不吝啬，就非常好了。

勤俭持家是我国的优良传统。古今中外勤俭节约的故事不胜枚举。英国女王伊丽莎白二世经常说的一句英国谚语是："节约便士，英镑自来。"每天深夜她都会亲自去熄灭白宫走廊里的灯，同时，她坚持皇家用的牙膏要挤到一点不剩。此外，日本丰田公司在成本管理上做得也很出色。公司员工的劳保手套破了，必须一只一只地换；办公用的纸不能随便丢掉，用完正面还要用反面。

现在的孩子都是父母心尖上的宝贝，家长都愿意倾其所有给孩子提供最好的衣食住行。正因为这样，许多孩子养成了大手大脚花钱的习惯，他们不懂得珍惜，认为花钱都是理所应当的。一件名牌衣服要上千元，一顿生日宴会要花掉父母小半个月的薪水，一次旅游几乎全家都要请假陪同……可见，勤俭持家的意识必须从小培养。那么，家长如何对孩子进行培养呢？

首先，我们应当教会孩子科学地支配金钱，引导孩子合理消费、适度消费。在这里，父母更应该在生活中树立勤俭的典范，在日常生活的点点滴滴中言传身教。同时，给孩子零钱时，父母也要有所节制，不能对孩子有求必应，让孩子花钱毫无节制。

其次，我们可以通过孩子日常的家庭劳动，比如帮妈妈洗碗，帮爸爸收拾书房等，适当地给予一些奖赏作为孩子的零花钱。这样一方面可以让孩子对劳动有好感，逐渐产生兴趣，并最终养成习惯；另一方面可以让孩子通过劳动体会到父母挣钱的辛苦，从而遏制自己随心所欲花钱的坏毛病。

最后，应该让孩子从小树立正确的价值导向。告诉他们，金钱只是用来支付需要而不是用来支持浪费的。很多人虽然家财万贯，却依然保持自己原有的生活方式；把钱捐给慈善机构造福更多的人，而不是作为遗产留给自己的子孙。因为他们深知，只有靠劳动换来的财富才是有意义和有价值的。如果价值观有了偏差，父母的钱财就会变成鸦片一样，孩子开始享受的是飘飘然的愉悦，最后却侵蚀了孩子的灵魂和品格。

家长要培养孩子节俭的生活习惯应注意把握住以下几点：

第一，吃得要实在。

所谓吃得实在，就是以家庭聚餐为主要形式，以粗茶淡饭为菜单，注意调配各种营养成分。不要为了营养而盲目地追求营养，或为显示自己的富有，动辄就餐于高档饭店、酒店，大量食用蜂王浆等高档补品。这样时间长了，就会使孩子产生错觉："既然什么都是现成的，还需要我努力做什么？"

第二，穿着要朴素。

穿着朴素并非仍然坚持"新三年，旧三年，缝缝补补又三年"的艰苦生活，而是大众化。即使家庭相当富有，为了自己孩子的健康成长也该这样去做。给孩子一种"我和别人没什么两样"的感觉。心态和行动都能平衡在同一起跑线上，这对孩子的成长十分有利。

第三，教育孩子珍惜学习用品。

珍惜学习用品，就是让孩子珍惜、爱护自己学习过程中所需要的笔、墨、书包等用品，如不要让孩子因为写错一两个字就撕掉一张纸，不要老是弄断铅笔芯。

第四，让勤俭节约的意识根植于孩子心中。

我们说"有钱难买幼时贫"，并不是让孩子去过"苦行僧"的生活，而是为孩子创造俭朴的家庭环境，让孩子继承中华民族的节俭美德。无论怎样富有，在孩子还没有自食其力的成长阶段，一定要把好孩子的日常消费关，不要让孩子大把大把地花钱，要教育孩子勤俭节约，珍惜父母的血汗钱。

在日常生活中，孩子长大以后能否成才，不是由金钱决定的，而是由他自己的人生目标和勤奋学习以及家长的言传身教决定的。家庭教育，直接影响着孩子的道德品质，家长过分地限制孩子，或者过分地放任孩子的做法，都是不妥当的。因此，建议各位家长朋友，无论家庭怎样富有，或者如何贫穷，都要经常教育孩子，勤俭节约，艰苦奋斗。这才是真正地爱孩子，等孩子长大以后，他才能更快地自食其力，愉快地生活。

家风故事

"吝啬"的晏子

晏子是春秋时期齐国人。他虽贵为齐国的相国，不过日常生活却极为简朴。吃的是粗茶淡饭，穿的是粗布麻衣，住的是土房民居，出行很少坐车，从来不讲排场，一切用度皆省之又省。在常人的眼里，晏子的行为近乎吝啬——堂堂齐国大夫，在生活上甚至不如一些老百姓，这着实让人难以理解。

有一次，晏子受齐景公之命，出使晋国。临行前晏子刻意打扮了一番，穿上了他认为最好的一件衣服。然而到了晋国后，与王公大臣们一比，晏子发现自己仍然太过朴素：他的身上除了一把佩剑外，没有一样值钱的饰品。而晋国的官员们，不是绫罗绸缎，就是美玉加身，显得十分华贵。见到晏子这副寒酸的模样，晋国的贵族们皆露出鄙夷的神色，就连一向敬重晏子的叔向，也流露出几分不屑。心想：晏子也过于吝啬了，这种隆重的场合居然不舍得花点儿钱置身漂亮的衣服。然而，对于这一切，晏子却毫不在乎，他依旧神态自若地与大家谈笑着。

正午时分，晋国办了一桌丰盛的酒宴为晏子接风洗尘。席间，叔向不怀好意地对晏子说："听说先生学富五车，博闻强识，有伯夷、管仲之才，我想请问先生，节俭与吝啬有什么区别呢？"

晋国的一干官员听完叔向的发问，再瞧瞧晏子的装束，都忍不住一阵窃笑，等着看晏子出丑。晏子当然明白叔向这是在挖苦他，不过他没有生气，更没有觉得无地自容。他微微一笑，然后从容地回答道："在下虽无什么才学，但节俭与吝啬还勉强分得清。节俭是君子的美德，吝啬是小人的恶德。衡量一个人财物的多寡，不是看这个人的穿戴是否华丽，也不是看这个人的出手是否阔绰，而是看这个人是否有计划地使用自己的钱物。富贵时不过分加以囤积，贫困时不轻易向他人借贷，不放纵私欲，不奢侈浪费，不与人攀比，时刻念及百姓之疾苦，国家之兴盛，这便是节俭。而家中金银堆积如山，却独自享用，丝毫不想赈济受灾受难的百姓，这样的人，即使一掷千金，穿金戴银，天天山珍海味，那也是吝啬。"

晏子的一番话，像是揭开了大臣王公的伤疤，也让叔向等人无地自容。自此，晋国的官员再也不敢嘲笑晏子的"吝啬"了。

培养关注细节的好习惯

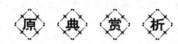

【原文】

千里之堤，毁于蚁穴。

——《韩非子·喻老》

【译文】

很长很长的堤坝，因为小小蚁虫的啃噬，最后也会被摧毁的。

言 传 身 教

从小事做起，学做人，学做事，是孩子人生中自始至终都要学的一门重要的基础课。无数成功人士的经验证明：从小养成的好习惯会伴随人的一生，终身受用。而父母在孩子良好的行为习惯形成方面，起着至关重要的作用，直接影响孩子行为习惯的养成，影响孩子对社会和人生的直接看法。

小小的疏忽和损失都有可能发展成大的漏洞。失败注注隐藏在我们的行事过程之中，并不是在失败的结果中。一个微小的细节注注关系着全局的成败，而大多数时候这种成败取决于每一个普通人对工作的态度。

许多有所作为的人，在工作中无时无刻不保持着"事无巨细，不可懈慢"的态度。

在长期的教育工作中，梁思成总是站在教学第一线。新中国成立后他担负着十分繁重的行政工作，但他仍然坚持亲自教课。梁思成对工作十分认真，他特别重视对学生专业基础知识的培养，所以他除了讲授中外建筑史外，还经常给刚进大学的学生讲"建筑概论"，担任低年级的"建筑设计"课程。梁思成严谨的治学态度影响着每一个清华人。

梁思成在古建筑研究中坚持的严谨学风也贯穿在他的教育工作中。审阅青年教师和研究生的论文时他都是逐句修改，从内容到错别字，连一个标点符号也不放过。为了让学生掌握高水平的绘图本领，甚至从怎样用刀削铅笔讲起，教学生怎样用手握笔，怎样画线，画线时铅笔怎样在手中转动以保持线条粗细均匀。梁思成不仅自己做到，而且也要求教师和学生熟悉古今中外的著名建筑，能随手勾画出这些建筑的形状，记住这些建筑的时期。

曾经有这样一个小故事：周恩来在怀仁堂开会时，问到明清故宫建造于何时，梁思成当即准确回答："开始兴建于明永乐四年，即1406年，完成于1420年。"

梁思成不仅培养学生的高超技艺，同时也十分注意培养学生的良好作风，反对少数艺术家不修边幅的那种散漫习气。梁思成多次强调，作为建筑师要对每一个工程负责，必须要有严格和科学的工作作风。梁思成要求学生们的每一张设计图纸都要制图清楚，尺寸准确，连字体大小都要符合不同等级的规定，文字与图分布均匀，干净利索，一目了然。当制图完毕后，仪器需擦拭干净，文具归放在原位，这些都是一名工程师的日常工作内容。

梁思成在创办清华大学建筑系时，亲自请来了来自五湖四海的教师们。这些教师的经历和特长，以及脾气性格都不相同。有的擅长设计，有的专攻历史，有的爱好外文，有的长于画画，有的脾气温顺，有的却耿直怪僻。梁思成不拘一格，充分尊重并发挥各人所长。

有一位教美术的教授，精通业务但脾气倔直，见到他不满意的人和事就要直言批评，不留情面，不管你是学者还是长者，是领导还是教授，因此得罪过不少人。长此以往，这位教美术的教授，连自己的工作都难保了。至于清华会不会聘请他呢？梁思成毫不犹豫，并且公开宣布："只要他工作好，我让他三分。"

脚踏实地、严谨、谦逊，没有这些品质，就不可能在学术上有所建树，成功人士正因为具有这种学风，才取得了骄人的成就。

现在，有些家长不注意教育引导孩子做不起眼的小事，他们对孩子的学习问题、健康问题十分重视，而把一些小事说成是鸡毛蒜皮的琐事。很多家长认为，树大自直，这种观点是不对的。小树从小就不直，长大后怎么会变直呢？

为了让孩子养成注重细节的好习惯，家长可以让孩子适当参与家务劳动，学习用品用后及时整理有序，告诉孩子个人物品要定位摆放，做到用时好找，用后归位，主动清理瓜果皮壳，不乱扔杂物，做到在家在外一个样。尤其是处在小学阶段的孩子，正是好习惯养成的关键时期，家长需要对孩子的行为举止、说话做事等方面耐心细致地及时引导、及时纠正，让孩子自觉地、自然地、积极地投入良好习惯的锻炼培养上，这样会让孩子受益无穷。

在生活中，工作上，细节点点滴滴反映着一个人的品质和能力。人的成功不在于成就一两件惊天动地的大事，而在于成就了每一个细节的态度。相反，许多事情，也注注败在细节问题上。有这样一句俗语："丢了一个钉子，坏了一个蹄铁，损了一匹战马，折了一位将军，输了一场战争，亡了一个国家。"所以说"细节决定成败。"

正因为细节容易被人忽视，才更能体现一个人的真实品质。日常生活中，我们都只能在小细节上表现自己的品质，而别人也更多依靠这些小细节上的品质来评价我们。一个人想要树立良好的形象，必须注重自己在细节方面的完美。

家长应该如何看待孩子的粗心大意呢？

首先，有些家长上认为粗心是由于孩子学习不认真，可真实的情况是：对于有些孩子来说，不是学习不努力，而是学习能力发展不平衡。孩子的学习能力发展不平衡是指孩子的智力正常，但是由于学习所涉及的心理机能的缺乏或发展没有达到同龄水平而无法掌握学校的学习环节，出现听、说、读、写、算以及更高层次的思维困难，随着问题的聚集和年龄的增加，进而影响到孩子的自信心和情感上的发展。家长在孩子学习能力发展不平衡的情况下，再去说孩子粗心大意，那是在冤枉孩子。不是孩子不想学好，而是他的能力没达到。

其次，家长还要观察孩子的注意力集中情况。注意力好比一扇门，凡是

193

第六章——身体力行：良好习惯早养成

外界进入心灵的东西都要通过它，如果没有开启或半开半闭，一定会影响孩子的学习效果。人的注意力有三个指标：指向性、分配性和转移性。要是孩子的这三个指标相对比较差的话，他们会有不同的表现。注意力指向性相对比较差的孩子，在下课时间与同学玩游戏，到了上课时间，老师在讲课，可他的脑袋里还在想着游戏。注意力分配性相对比较差的孩子，他对外界的刺激非常敏感，上课时窗外的鸟叫声、走廊上的脚步声，乃至操场上的踢球声都能转移他的注意力。在家里，门铃声、电话声、说话声统统都逃不过他的耳朵，这样就无法把注意力集中在听课和写作业上。注意力转移性相对较差的孩子在完成一件事之后做另外一件事的时候，他的注意力转移的速度非常慢，或非常困难。

最后，对于孩子对知识点掌握不好造成认知不清或者是因孩子思维能力造成的审题不明的情况，家长不要以为那是孩子的粗心大意。针对粗心大意的孩子，家长一方面要关注他的学习习惯，另一方面要培养孩子做事的条理性。

那么家长应从哪些方面调整自己对待孩子粗心大意的态度呢？

第一，学习上细心的好习惯是和日常生活中的好习惯密不可分的，那些从小做事就丢三落四、缺乏条理、不能坚持到底的孩子，往往在学习上也是粗心大意的。家长应该让孩子从小就做一些力所能及的事，小的时候让孩子收拾好自己的玩具，大一点儿的时候让孩子帮着做家务。让孩子在做事的过程当中，学会自主，学会次序的安排，把握节奏，变得有条理，更重要的是有了心理体验，这样的心理体验多了，自然形成了一种习惯，而良好的生活习惯自然会迁移到学习当中。因此，家长千万别剥夺了孩子做事的权利和机会，养成良好的做事习惯对学习有促进作用，往往会使学习事半功倍。

第二，针对孩子粗心大意的问题，家长就任意地惩罚孩子，这种做法是错误的。比如：增加孩子的额外作业负担，命令孩子抄10遍书，每天做50道口算题等，家长这样做往往欲速而不达。过度单调的重复，只会引起孩子的反感，孩子在心理上产生厌倦后，就会失去学习的兴趣，所以习题要精当、典型、适量。孩子学习情绪的好坏直接影响着孩子能否学习下去。刚上学的时候，每个孩子都雄心勃勃地要争第一，可是孩子们的学习能力确实存在差异，在这些学习能力没有提高的情况下，孩子再努力，结果总是不尽如人意。糟糕的是，老师和家长误解了孩子，认为孩子贪玩，心思不在学习上，学习不认真、不专心等，于是便使出高压手段对孩子进行矫正，比如打、骂、处罚。当家长对孩子施加过大的学习压力时，孩子的内心就会充满挫折感，怀疑自己的能力，丧失了学习的信心，往往是人在桌旁学习，但心早就飞了。

第三，家长要发掘孩子的优点对他鼓励，有进步的时候就表扬，让他看到希望，使他树立起学习的信心，调动起他的学习主动性、积极性，用赏识教育，让孩子心灵充满阳光。针对孩子的粗心大意，有些家长往往又给了孩子很多不良的心理暗示。在孩子粗心的时候，家长不要直接去告诉孩子结果，要让孩子去亲身体验、感悟。也不要因为孩子粗心就去责怪他，更不要一遍遍地提醒孩子"不能粗心"。要是家长一再地说孩子粗心，做事慢，孩子就会真的认为自己粗心，因为孩子潜意识里只接受有实质性意义的信息，比如说"以后不要再这样粗心大意了！"这句话反而会让孩子加重粗心大意的印象。

第四，针对孩子的粗心，家长应该这样：在他粗心的时候不理睬他，淡化他的粗心；在他偶尔不粗心时马上表扬他，强化他的细心，这样他就会逐渐朝着细心的方向发展了。要让孩子保持健康的心理，多给孩子细心的心理暗示。家长把目光放在孩子的细心上，那么孩子心里就有一种自己"细心"的心理暗示。孩子小，自我意识薄弱，很在意周围的眼光，家长应该把注意力更多地放在孩子的优点上。纠正粗心，养成细心的习惯，也要有一个良好的家庭氛围。

家 风 故 事

千里之堤，溃于蚁穴

一年，临近黄河岸畔有一片村庄，为了防洪，农民们筑起了巍峨的长堤。一天有个老农偶然发现蚂蚁窝猛增了许多。老农心想这些蚂蚁窝究竟会不会影响长堤的安全呢？他要回村去报告，路上遇见了他的儿子。老农的儿子听了不以为然说："这么坚固的长堤，还害怕几只小小蚂蚁吗？"就拉老农一起下田了。当天晚上风雨交加，黄河里的水猛涨起来，咆哮的河水从蚂蚁窝渗透出来，继而喷射，终于堤决人淹。这个故事比喻不要小看自己所犯的错误，一点点小错的积累会使你的人生毁于一旦，有些人小事不注意会酿成大祸或造成严重的损失。

培养整洁干净的好习惯

【原文】

大抵为人，先要身体端整，自冠巾、衣服、鞋袜，皆须收拾爱护，常令洁净整齐。

——《童蒙须知》

【译文】

大多数人，首先要身体端正、整洁，冠巾、衣服、鞋袜，都需要收拾爱护，经常使其洁净整齐。

言 传 身 教

在孩子的生活习惯中，卫生习惯是非常重要的一方面。卫生习惯的好坏会影响孩子的健康和孩子的形象。家长应该让自己的孩子从小就养成良好的卫生习惯。

古人对于个人的卫生以及清洁是非常重视的。《弟子规》中就说道："晨必盥，兼漱口；便溺回，辄净手。"意思是，早晨起来要洗脸刷牙，大小便之后要记得洗手。那个时候的人们对于个人卫生就已经如此重视了，对于当今的人们而言，更要注意个人卫生，维护个人形象。

俗话说得好，"病从口入"。人往往都是在生病之后才知道身体健康是多么幸福的事情。而要保持身体健康，就要养成良好的卫生习惯。所以，养成良好的卫生习惯，勤漱口、勤洗手才能够保持自己的身体健康，降低生病的概率，让病毒远离自己。同时，勤于洗漱、勤换衣服，保持衣服整洁，也是维护个人形象的一个重要方面。另外，这不仅仅是卫生习惯问题，也能反映出个人的修养水平。所以，应当从小就让孩子养成良好的卫生习惯，做一个讲卫生、有修养的文明人。

有一个叫甜甜的孩子，他的父母在甜甜小的时候就教育她："一个好孩子，要养成爱清洁、讲卫生的好习惯，特别是饭前便后要洗手的习惯，这样其他的小朋友才会喜欢你啊。"

甜甜问妈妈："为什么饭前便后要洗手？"妈妈告诉她："因为手每天都要接触很多东西，会沾染很多看不见的细菌，如果吃饭前不认真洗手的话，就会把细菌吃进肚子里，那样肚子里就会长出虫子来，有虫子，就要去医院打针吃药了。"等甜甜稍微长大之后，妈妈还进一步告诉她，饭前便后洗手可以预防各种肠道传染病、寄生虫病。

于是，甜甜每天早晨起床后都会用肥皂仔细地洗脸洗手。特别是从厕所出来之后，还有吃饭之前，从来都不用人提醒，自己主动去洗手。有的时候大人太忙，饭前便后忘了洗手，她就会大声提醒："你没有洗手，不许吃！"

有一次，甜甜跟着妈妈出去玩，她将擦鼻涕的纸随手丢在了路上，妈妈看到之后，二话没说就蹲下身子捡起来，扔进了垃圾箱。接着妈妈给甜甜讲了个故事：有一个小女孩在妈妈的熏陶下每次都会把垃圾放在垃圾箱里。有一次她扔垃圾的时候看到马路对面才有垃圾箱，就过马路去丢雪糕纸。这时一辆车飞奔过来，小女孩轻飘飘地飞了起来，接着像一只断翅的蝴蝶跌在了地上，再也没有醒过来。她的妈妈从此就疯了，每天都在那个地方捡别人丢下的垃圾。当地人被感动了，从此不再乱丢垃圾。他们把那些绿色的果皮箱擦得一尘不染，在每一个果皮箱上都贴上小女孩的名字和美丽的相片。从此，那个城市成了一座非常美丽的城市。听完这个故事，甜甜的眼眶湿润了，她对妈妈说："妈妈，我再也不乱扔东西了。"

家长应当帮助孩子养成哪些良好的个人卫生习惯呢？

第六章 身体力行：良好习惯早养成

第一，让孩子保持个人身体卫生和服装的整洁。比如让孩子能够正确洗手、洗脸、刷牙、洗头、洗脚、剪指（趾）甲，这不仅能够保证身体卫生，还能够促进身体健康。

第二，让孩子养成勤刷牙的习惯。家长要让孩子养成早晚刷牙、勤于漱口的习惯。有些家长觉得孩子的乳牙反正要换，因此不注意对它的保护，这是非常错误的想法。因为如果对乳牙的保护不够仔细，一旦它被腐蚀缺损，会影响对食物的消化与吸收，不利于孩子的生长发育。乳牙被腐蚀还会影响恒牙的生长发育。因此一定要注意保护孩子的乳牙，让孩子养成良好的口腔卫生习惯，让孩子勤漱口、勤刷牙、睡觉前不吃糖果饼干等食物。

第三，让孩子保护好自己的眼睛。家长应告诉孩子，平时不要用手或者脏毛巾、脏手绢擦眼睛，另外看书、做作业时要保持正确的姿势，要做到"一尺一寸一拳头"的标准，即眼距书本一尺，胸距桌沿一拳，握笔时手指与笔尖距离一寸。不在光线太强、太弱和阳光直射处看书和绘画。

第四，让孩子养成携带手帕的习惯，并教给孩子使用手帕的正确方法。使用手帕的正确方法是：用手帕擤鼻涕时要按住一侧鼻孔，轻轻地擤另一侧鼻孔的鼻涕，不能同时擤两个鼻孔，以免引起中耳疾病或鼻窦炎。另外，手帕要经常清洗，定期更换。

第五，保护好孩子的鼻道，不让孩子抠鼻孔，让孩子养成用鼻子呼吸的习惯，这样能够使吸入的空气经过鼻道时变得洁净、温暖和湿润，保护呼吸道和肺，使它们免得疾病。

第六，防止孩子将异物塞进耳内，不挖耳朵，在洗脸或洗澡时注意不要让水流进耳内，以免损伤鼓膜，引起中耳炎，从而影响孩子的听力。

家风故事

不讲卫生的王安石

王安石是北宋的政治家、文学家，他是"唐宋八大家"之一。在文学创作上，他对后世有着深远的影响，给我们留下了很多不朽的作品；在政治上，他官至丞相，实行变法为社会进步做出了贡献。就是这样一位卓有成就的大家，在个人卫生、衣着穿戴方面却从不在意，极为随便，给世人留下很多笑谈。

王安石平时不修边幅，衣服很少换洗。苏洵曾经描述他："衣臣掳之衣，食犬彘之食，囚首垢面，而谈史书。"他经常不洗脸，以致脸上时常是黑一块白一块，不知道他底细的人还以为他生有皮肤病。有一次，吕惠卿对王安石说："先生你脸上长有黑斑，用花园里的菱草泡水来洗，可以去黑斑。"王安石说："我脸皮本来就长得黑，不是什么黑斑。"吕惠卿又说："菱草也能使脸皮变白。"王安石笑道："我的皮肤天生就黑，用菱草洗又有什么用？"后来，王安石的门人见王安石的面色黧黑，以为他生病了，请了郎中来给他看病。郎中一看说："这哪儿是病啊，只是脸上泥垢太厚，洗一下就好了。"家人端来了热水让他洗脸，他不领情地说："我天生就长得黑，再怎么洗也白不了，别浪费工夫了！"

还有一次，王安石面见宋神宗，由于他经常不洗脸、不洗澡，身上长了虱子。就在他面见宋神宗的时候，虱子爬到了他的胡须上，宋神宗看到后忍不住笑出了声，王安石还不知道是怎么回事。等出了朝堂问过同僚，他才弄明白原来是虱子爬到了自己的胡须上。王安石不以为然，让手下把虱子抓走。同僚趁机挖苦他说："宰相脸上的虱子是被皇上亲自鉴赏过的，怎么能轻而易举抓走哇！"

王安石不讲卫生，常把自己弄得酸臭难闻，所以同僚们都尽量离他远一点，他的家人也经常抱怨他，但王安石依然我行我素，丝毫没有要改掉这个毛病的意思。王安石有两个"铁哥们儿"——吴仲卿和韩维，他俩对王安石的邋遢形象实在看不过去了，又不好直说，就与王安石订了一个"盟约"：三人每月同日同时到寺院谈论诗书政治，谈得差不多了，两位哥们儿就邀王安石去洗澡，并安排服侍老僧趁王安石洗澡时把他的脏衣服拿走，然后换一套新衣服摆在那儿。王安石洗完澡后见新衣服就穿，从来也不问新衣服从哪里来。一切现成，乐得享受，几次洗过，觉得轻松爽快，精神舒畅。同僚们也不再躲避他了，家人也不抱怨他了，王安石尝到了洗澡的甜头，也就变"盟约"为自觉行动了，不讲卫生的恶习也就渐渐地改掉了。

第六章 身体力行：良好习惯早养成

第七章

变通处世：交友处世善变通

良好的人际关系，能够给人各个方面产生积极影响。建立良好的人际关系，形成一种团结友爱、互帮互助的交往环境，将有利于健康个性品质的形成和发展。同时，在践行积极的优秀品质的同时，还要学会变通，善于分辨是与非，要懂得拒绝不良行为和诱惑，学会选择朋友。灵活交友，变通处世。

让孩子学会选择朋友

【原文】

出门择交友，防慎畏薰莸。

——《诫儿侄八百字》

【译文】

出门应当慎重选择朋友，香草和臭草混在一起时，自己也会染上一身臭味。

言 传 身 教

一个人生活在世上总少不了几个朋友，俗话说得好："在家靠父母，出门靠朋友。"父母不可能时刻陪着自己，因此，一个人在外边闯世界就需要有几个知心朋友的支持，朋友在一个人的一生中起着举足轻重的作用。结交一个好的朋友会对自己的人生大有裨益，能够陶冶情操。而一个坏的朋友则会给自己带来诸多麻烦。故而在选择朋友时不可不慎重。

孔子认为，与以下三种人交朋友是有益的。

第一种，友直。就是说要结交一种为人正直的朋友。这种朋友为人刚正不阿，正气凛然，胸怀坦荡，惩恶扬善，为人真实不虚伪。第二种，友谅。谅的意思是诚信，就是说多结交诚实守信的朋友。与这样的朋友交往，孩子的精神能得到一种净化和升华。第三种，友多闻。这种朋友见多识广，学识渊博，洞察透彻。可以为师，可以为友。和这种朋友交往，能不断地扩大自己的视野，增长自己的见识，拥有一个见多识广的朋友，能够在自己困惑迷茫的时候给予指点，在自己犹豫不决的时候给予选择。

孔老夫子在说明要多结交这三种益友的同时，又说有三种坏朋友，即

"损者三友"，即要远离的朋友。

第一种是友便辟，这种朋友只会溜须拍马，阿谀奉承，好像墙头草一般，风往哪边吹，他就往哪边倒。第二种叫友善柔。这种朋友过于优柔寡断，做事没有主见，难成大事。第三种叫友便佞。便佞，指的就是言过其实、夸夸其谈的人。这种朋友天生只会耍嘴皮子，似乎天文地理、世情百态没有他不知、没有他不懂的，嘴里的大道理一套接一套，可是除了这一张嘴外，其他的什么都没有。

孔夫子说这三种人会给个人的发展带来很大的麻烦，因此是要尽量避开的。孩子从小到大，会结交无数的朋友。孩童时代，有一起摸爬滚打的朋友；上学之后，又会结交一批相互探讨学问的朋友；进入社会之后，又有在事业上彼此照顾的朋友。家长要鼓励孩子多多结交朋友，结交一些对孩子有益的朋友。对于那些带有恶习的朋友，家长则要坚决杜绝孩子与其往来，因为孩童时期是一个人人格发育最重要的时期，这个时期如果结交了一些不良的朋友，会影响孩子的一生。

一般孩子都有朋友，其中大都是良友，但也可能有的朋友不怎么样。孩子有时带回一些叫父母讨厌的朋友，如欺软怕硬的孩子，爱吹牛的孩子，或者难以容忍的流鼻涕、爱哭的孩子。一般来说，孩子的道德感主要在一两岁定下来。这时候，坏伙伴的影响也不能改变孩子已形成的性格，他们基本上已能分清诚实与虚伪，会选择自己的朋友。但也会出现这样的情况：在一定时间内，孩子受顽皮的男孩或轻浮的女孩影响，有时会幼稚地自吹自擂；有时候，孩子还会把某些不正派的行为，认为是有个性的表现。孩子会试着模仿不同类型的生活方式，但却不可能改变他的性格和道德观。

那么，父母应如何引导孩子正常交友呢？

第一，鼓励孩子结交性格互补的朋友。

一个孩子需要有机会与个性不同的朋友交往，以弥补自己性格的不足。例如：孤僻的孩子需要较开朗的朋友；过分受到保护的孩子需要自主性较强的玩伴；胆怯的孩子需要和较勇敢或富于冒险精神的孩子在一起；幼稚的孩子能从和比较成熟的玩伴们的交往中得到益处；爱幻想的孩子容易受更平凡一些的孩子影响；霸道的孩子可以由强壮而不好战的玩伴来矫正。家长要促使孩子和不同个性的朋友在一起相处，并鼓励他们之间建立相互矫正的关系。

第二，阻止孩子滥交朋友。

一旦孩子由滥交朋友发展到了令人咒骂、非议或对社会不益时，父母就必须采取一些必要的手段，阻止孩子滥交，使孩子能更快地摆脱那些坏伙伴（至少是些品德不良的孩子的影响）。防止那些引诱犯罪的孩子成为支配你孩子的"朋友"，因为那些孩子的丰富"经验"，可能在学校或邻里以"英雄"的身份和不易识别的典型出现。允许孩子有权选择他的朋友，而父母又要负责保证孩子的选择是有益的，这就需要采用细致核对和平衡的方法。

第三，让孩子感到他的朋友在家中会受到欢迎。

孩子和他的朋友在家中相处得越融洽，就越不可能去外面寻求刺激。这就为孩子交友打下健康的基础。

对 10 岁以上的孩子来说，对他朋友的直接指责，很可能导致孩子的反对，而间接的、巧妙的批评则要有效些。你可以对孩子说："这孩子常闯祸，你和他在一起可要注意！"

如果孩子继续与那个不讨人喜欢的朋友交往，你可以制定一个严格的作息制度来限制他们，并告诉你的孩子，这是你规定中的一个条款，希望他能严格遵守。

第四，了解孩子的需要。

及时发现可能使孩子误入歧途的需要（刺激、冒险、名声、感情归属），安排适当的活动和家庭会议来满足孩子的这些需要，以增进父母与孩子间的良好关系。

告诉孩子，尽管他们有权利和他们选择的朋友交往，但绝不能允许他们干违法的事。如果孩子的行为冒犯了他人的权利，那么父母就必须干涉，对他们的行为负责。父母也有权阻止一位不尊重人的孩子出入你的家。

管仲和鲍叔牙

　　春秋时期，齐国有一对非常要好的朋友，一个叫管仲，另外一个叫鲍叔牙。年轻的时候，管仲家境贫寒，家中又有年迈的母亲需要侍奉。鲍叔牙知道了，就找管仲一起做生意。做生意的时候，因为管仲没有钱，所以本钱几乎都是鲍叔牙拿出来的。可是，当赚了钱以后，管仲却拿得比鲍叔牙还多，鲍叔牙的仆人看了就说："这个管仲真奇怪，本钱拿得比我们主人少，分钱的时候却拿得比我们主人还多！"鲍叔牙却对仆人说："不可以这么说！管仲家里穷又要奉养母亲，多拿一点没有关系的。"有一次，管仲和鲍叔牙一起去打仗，每次进攻的时候，管仲都躲在最后面。大家就骂他说："管仲是一个贪生怕死的人！"鲍叔牙马上替管仲说话："你们误会管仲了，他不是怕死，他得留着他的命去照顾老母亲呀！"后来，齐国的国王去世了，公子诸儿当上了国王，他每天吃喝玩乐不做事，鲍叔牙预感齐国一定会发生内乱，就带着公子小白逃到莒国，管仲则带着公子纠逃到鲁国。不久之后，诸儿被人杀死，齐国真的发生了内乱，管仲想杀掉小白，让纠能顺利当上国王，可惜管仲在暗算小白的时候，把箭射偏了，小白得以逃过一劫。后来，鲍叔牙和小白比管仲和公子纠早回到齐国，小白就顺利当上了齐国的国王。小白当上国王以后，决定封鲍叔牙为宰相，鲍叔牙却对小白说："管仲各方面都比我强，应该请他来当宰相才对呀！"小白一听："管仲要杀我，他是我的仇人，你居然让我请他来当宰相！"鲍叔牙却说："这不能怪他，他是为了帮他的主人纠才这么做的呀！"小白听了鲍叔牙的话，请管仲回来当宰相，而管仲也真的帮小白把齐国治理得国富民强。

　　管仲说："我当初贫穷时，曾和鲍叔牙一起做生意，分钱财，自己多拿，鲍叔牙不认为我贪财，他知道我贫穷啊！我曾经替鲍叔牙办事，结果使他处境更难了，鲍叔牙不认为我愚蠢，他知道时运有利有不利。我曾经三次做官，三次被国君辞退，鲍叔牙不认为我没有才能，他知道我没有遇到时机。我曾经三次作战，三次逃跑，鲍叔牙不认为我胆怯，他知道我家里有老母亲。公子纠失败了，召忽为之而死，我却被囚受辱，鲍叔牙不认为我不懂得羞耻，他知道我不以小节为羞，而是以功名没有显露于天下为耻。生我的是父母，了解我的是鲍叔牙啊！"

鲍叔牙推荐管仲以后，自己甘愿做他的下属。鲍叔牙的子孙世世代代在齐国吃俸禄，得到了封地的有十多代，成为有名的大夫。天下的人多不赞美管仲的才干，而赞美鲍叔牙的胸怀宽大。

朋友之间要团结友爱

【原文】

二人同心，其利断金。同心之言，其臭如兰。

——《周易·系辞上》

【译文】

朋友同心，其锋利能把坚硬的金属折断。朋友之间，同心同德，所发自肺腑之言，就像兰草一样，散发着芬芳的气味。

言 传 身 教

只有懂得团结精神的人，才能更好地融入群体，发挥能量。可年幼的孩子往往会因为过于强调自己，而不懂得与他人协调配合。尤其是现代社会，独生子女在家里倍受宠爱，所有的需求都能通过家长来满足，很多事情即使自己没有动手，也能依靠家长的力量帮忙解决。在这种环境中成长，孩子体会不到一个人力量的薄弱，也就意识不到团结的重要性。但是，家长们一定要明白，孩子总有一天会脱离我们的怀抱，走进社会。随着他们的成长，他们的需求我们会逐渐没有办法满足，只能让他们凭借自己的力量去达成。而在职场中，如果他凡事都以自我为中心，极端利己，不懂得与人协作，那么他很快就会被同事孤立，甚至被整个团队剔除。

为了让孩子在以后的日子里免除这样的困扰，我们应该提前就让孩子知道，每个人都有自己的个性，对事情也会有各自不同的看法，所以不能一味地要求别人和自己一样，要学会与不同的人和睦相处，拥有共同成事的宽广气度。

首先，想要让孩子学会团结，我们要培养孩子的团队意识。

比如可以带孩子去看拔河比赛，让孩子感受团结的力量。父母再借机告诉孩子，只有团结起来，才能更快、更好地完成任务。平时，我们也可以给孩子讲一些关于团结的故事，让这种观念在孩子的头脑当中形成。一旦他凭借自己的力量无法完成一件事情的时候，他会开始主动搜寻其他的方法，自然而然地，他会想要尝试与其他人协作。而如果孩子的头脑当中根本就没有团队意识，那么即使他处于再大的困难之中，都不会想到可以借助其他人的力量，大家一起协作完成。

其次，要让孩子单独做一些对他来说很难完成的事情。

当他遇到困难的时候，家长可以鼓励他找其他的小朋友一起解决。当他们一起把事情做好的时候，再告诉他，一个人的力量是有限的，只有大家互相帮助，才能克服更多的困难。

最后，可以借助游戏让孩子学会团结。

孩子都爱玩游戏，我们不妨因势利导，鼓励孩子和其他的小朋友一起玩游戏，比如跳皮筋、捉迷藏等。这些游戏光靠一个人是无法完成的，只有大家一起，才能玩得尽兴。而在游戏当中，孩子会逐渐意识到同伴的重要性，慢慢地就学会如何与其他的小朋友友好地相处。

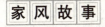
家 风 故 事

母亲教育铁木真团结

草原上的孩子生性勇猛，个性顽劣。铁木真和他的几个兄弟也不例外。他们都习惯凸显自己，常常会因为一点儿小事就发生争吵，甚至打起架来。

母亲为了能够让几个年幼的孩子懂事，经常会给他们讲不同的故事，让他们明白道理。有一次，铁木真和他的兄弟们因为抢一些吃食，又打起架来。母亲劝住了他们，并且给他们讲了一个关于自己母亲的故事。

她说："你们的外婆阿兰阿豁有五个儿子，他们也会经常打架，很不团结。不管她怎么劝，都没有效果。有一天，她终于想到了一个办法。她拿出五支箭，让五个儿子分别去折，他们很容易就把那些箭折断了。后来，她又拿了五支箭，把它们捆绑成一束，再让他们折，结果谁也没有折断。

"这时候，外婆就对她的五个儿子说：'你们要知道，最好的摔跤手也敌不过人多；最好的马也经不起百条鞭子的抽打。只有团结起来，握成一个拳头，才有力量，才能战胜敌人！'你们的舅舅听了外婆的话，都惭愧地低下了头。从此以后，他们变得非常团结。在草原上，只要有人欺负他们兄弟中的任何一个，其他人会马上联合到一起形成一股力量，对抗敌人。日子久了，其他人都知道他们兄弟非常和睦，联合在一起力量非常强大，所以再也没有人敢欺负他们了。

"你们的父亲死得早，家里没有成年的男子做依靠，难免会受到外人的欺负。可是你们兄弟几个，非但没有团结在一起，想方设法让自己家变得强大，反而每天都在争吵、打架，像是一盘散沙。这样下去，我们也只能被人看不起，饱受别人的欺凌。"

铁木真听了母亲的话，认识到了自己的错误，主动与兄弟讲和，并且向母亲保证，以后永不会忘记母亲的教训，一定要与兄弟们团结一致，为家族的振兴而奋斗。

母亲还说："在家里是这样，在战场上也是这样。只有兄弟们团结，上下一条心，齐心协力，才能有更大的力量对抗敌人。你们千万要记住，不能总想着表现自己，而忘记团结他人。"

母亲的教诲，让铁木真认识到了团结的重要性。后来，他辗转沙场，成了一代领袖，但是他从来都不曾忘记，战场并不是他一个人的舞台，只有人心所向，才能战胜其他顽敌。

交友贵在互相帮助

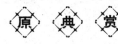

【原文】

朋友谏诤，须求有济，不可自谓直谅，令人有难受之实，徒贻拒谏之名。

——《孝友堂家训》

【译文】

作为朋友，应该互相帮助。在别人给自己提出意见时，一定要虚心听取，不能自认为正直、诚实，拒不接受别人的意见，让朋友难堪。

言传身教

孟子说："得道者多助，失道者寡助。"晋国忘恩负义引来战事，秦国施惠散义赢得援助。战争就是这样充满戏剧性，而冲突的解决注注由于那些道德上略高一筹的人。

生活也蕴含着同样的道理。当我们孤傲冷漠地对人时，只会得到同样冷漠的回报。只有那些充满生命热情而又乐于助人的人，得到的回报才会深厚，福祉也才会绵长久远。一言蔽之就是"帮人最终帮自己"。

在日常工作中，人与人之间免不了互相帮忙，但帮助必须是诚挚的。这不仅使得付出关切的人和接受关切的人都有成就感，还会使当事人双方都会受益。当一个人尽自己所能成人之美时，他就是在帮助自己。因为在这个由人组成的社会里，当接受我们帮助的人对我们十分感激时，我们就会感受到一种温情，这种温情让我们感觉更舒服。那种因为使别人幸福而令自身欣喜的感觉，让我们知道幸福的真正含义，让我们不自觉地想远离那种生活如行尸走肉般的冷漠世界。

幸福是捉摸不定的事物。但是当我们用足够的真诚给他人以方便时，对方的心灵就会成为幸福生长延伸的土地。当我们的善意被对方接受时，我们的幸福也就来到了。而且这样得来的幸福会像《菜根谭》说的那样"福亦厚，其泽亦长"。所以说人的一生当中为自己找到幸福的最有保障的方法就是奉献我们的精力，努力使其他人获得快乐。

"帮助别人就是帮助自己"，这句话用在孩子的学习上，具有更现实的意义。因为当孩子主动地帮助别的同学的时候，孩子的大脑处于学习的最佳状态，为此，孩子会努力像老师那样缜密地思考问题。"要教给别人一杯，自己得先有一桶"，为了能帮助同学，孩子在心理上就会为自己提出更高的要求。这样一努力，对于知识的掌握和理解就会突飞猛进，很容易就超出孩子自己原来的水平。

从孩子的心理层次上来说，当孩子无私地帮别人的时候，心中是愉悦的，自然而然地就萌生了自豪感，在帮助别人时学会了宽容。当孩子全身心投入的时候，无形之中坚定了自己的自信心，对于下一步的学习，就会更加充满热情和活力，因为孩子的学习价值在帮助别人的时候得到了充分的展现。

孩子在乐于帮助别的同学的时候，对于合作与竞争就会有更深的体会和理解，孩子会认为，竞争的实质就是一种合作。在这种认识下，对于学习来说，孩子会有更高层次上的主动性和积极性，学习起来，就更加从容、豁达、有效。

那么，家长鼓励孩子在哪些方面帮助同学呢？

孩子对别人的无私帮助也不是没有原则的，比如代替做作业就不是无私的，恰恰是自私的。孩子代替别人做作业，实质上就是代替同学应付老师，代替了同学思考，实质上就是不想让同学进步。所以，于人于己都是自私的。在下面这类情况下，家长应当鼓励孩子尽力帮助同学：同学因事或者因病不能来上课，需要补课；掌握和理解了基本概念以后，可以为同学讲解；考试后一起分析出现错误的具体原因；做作业时遇到难题，可以和同学积极进行讨论。

在鼓励孩子无私帮助同学的同时，家长也要做到如下几点：

首先，家长必须做出榜样。家长要在生活中热心帮助弱者，帮助需要帮助的人。在这个社会上，只有互相帮助，才能构成一个完美的世界。当然，帮助别人不是为了获取什么，而是一种无私的、坦荡的自觉。

其次，要想帮助别人，就应鼓励孩子从小做起。无论是生活上还是学习上，鼓励孩子帮助同学，事情不分大小，而在于用心、主动去帮助，从小事做起恰恰是培养帮助别人的关键。所谓用心，就是坚定地认为，别人的事情一定比自己的事情重要。

最后，帮助别人要有可实现性。家长需要对孩子强调帮助别人的原则和道理，一定要有可实现性。结合自己学习的实际，用自己的长处去帮助同学，并逐渐形成有效的方法。

家 风 故 事

助人者必当自助

秦缪公当政时，秦国遭遇大饥荒，国势危急。想到曾经有恩于晋国，秦缪公认为如果派人去向晋国求救，晋国应该会出于感激而资助自己的国家。可是结果却事与愿违，晋国不但不给秦国援助，还趁机派兵攻打秦国。

秦缪公大怒，便对全国百姓说："我们秦国曾有恩于晋国，可是晋国忘恩负义，还乘人之危，攻打我们，是可忍孰不可忍！我们一定要他们知道这样做的后果。"于是缪公派丕豹带领军队攻打晋国，而且旗开得胜。但是毕竟秦国刚逢大灾，国库空虚，不宜久战。可秦缪公出于一时怒气做出了继续追击晋军的错误决定。

这天，秦缪公带领自己的几个手下，一直追到晋国腹地，渐渐地和大队人马失去了联系。

被逼到死角的晋军见秦缪公人少，趁机包围了秦缪公和他的几个手下。寡不敌众的时候，晋国的军队大乱。原来有一群人在晋军后面来了个突然袭击。这些人都是曾经受过秦缪公恩惠的人。这些人感恩戴德，便在秦缪公有难时给予了及时的帮助，帮他渡过了难关。

211

第七章 变通处世：交友处世善变通

让孩子懂得谦让他人

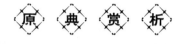

【原文】

谦让之智，斯为大智。

——《弟子箴言》

【译文】

懂得谦让的智慧，才是真正的大智慧。

言 传 身 教

俗话说："忍一时风平浪静，退一步海阔天空。"在遇到矛盾的时候，彼此都暂且容忍，做出让步，肯定比争个你死我活、两败俱伤要好得多。

曾经看到这样一个小故事，很受触动，说是有一个小男孩正在剥橘子，当他把橘子皮剥去，看到里面的很多小瓣，男孩就问："橘子，为什么你长这么多的小瓣呢？"橘子回答说："这是为了大家分着吃。"小男孩又转身问苹果："那苹果你为什么没长成小瓣呢？难道是为了让我一个人吃吗？""不！"苹果回答说，"是为了让你能完整地把我献出去。"这是多么温暖的故事。谦让是心怀他人的表现，当今的社会，人们之间的合作越来越多，更需要人们有谦让和宽容的精神，如果不懂得谦让，那必然会增加摩擦，人际关系也必定受到影响。有些家长认为，谦让就说明自己的孩子笨，没本事，谦让就是吃亏，这种错误的观念极容易误导孩子，假如不能及时地转变这种想法，等孩子长大进入社会之后，或许不会调理与他人之间的摩擦与矛盾，而这一顽疾也会成为他人际关系中的一大障碍。懂得谦让的孩子在人生的道路上总能有人相伴同行，而不懂得谦让、不懂得给他人让路的人，别人也不会与他同行，在人生的道路上只能独自前行。所以，家长在平时的生活中要对孩子进行仔细的观察与指导，让孩子拥有宝贵的谦让精神。

那么，家长应该怎样让孩子拥有谦让精神呢？

第一，家长自身的影响。苏霍姆林斯基说过，每个瞬间，你看到孩子，也就看到了自己，你教育孩子也就是教育自己，并检验自己的人格。首先，父母要有健全的人格，才能给孩子带去良好的影响。因为在家庭环境中，父母本身的修养、对待孩子的态度和方式对孩子的心理能够产生巨大的影响。民主、和谐的家庭气氛能够帮助孩子形成积极向上的生活态度。父母之间的互相爱护、关心、体谅，父母对长辈的体贴、尊重、照顾，父母对孩子严爱适度、有要求、有疼爱，能够使孩子正确地认识和评价自己，父母的自尊、自信、自主、自控、亲切、有责任感等积极情感都会潜移默化地影响孩子的观念。其次，家长对孩子要给予适当的爱。大量的事实证明，溺爱下的孩子得不到正常的身心发展，而且溺爱会使孩子的心理发生扭曲。因此，父母要注意给予孩子爱的方式，切忌让孩子形成个人主义的心理。

第二，注意培养孩子的同情心和爱心。由于孩子在经验上、思维上不完善，考虑问题的时候往往首先想到自己，对别人的事情很少在意。这一现象在独生子女身上尤为明显。故而家长在日常生活中要不失时机地引导孩子学会亲近、体贴和关心他人。比如，爸爸下班回来，妈妈可以启发孩子："爸爸累了一天了，我们把好吃的留给爸爸好不好？"这样能够逐渐让孩子建立谦让的意识，养成好的习惯。

第三，让孩子在交往的过程中养成谦让的美德。家长应当有意识地让孩子参加一些礼仪性的活动，让孩子学会举止文明、礼貌待人、关爱他人。家长还要让孩子多与小伙伴玩耍，让孩子和小伙伴们一起玩玩具、看图书、看动画片、一起交谈、做游戏等，让孩子在集体活动中学会互相合作，尊重他人，在快乐而融洽的游戏中培养谦让、互助友爱的精神。

假如每个孩子都能有一颗感恩的心、一颗谦让的心，就能消除许多浮躁与不安，牢骚与仇怨。如果这样，或许能够收获更多，让人生多了一种滋味。就像有句诗说的那样："我本想采摘一片绿叶，却收获了整个春天。"

第七章 变通处世：交友处世善变通

互相谦让的陈重与雷义

陈重是东汉的名士，字景公，豫章宜春人，生性大度敦厚，与豫章鄱阳的雷义从小就是很好的朋友。雷义为人非常善良，时常怜悯帮助他人，很重义气，行事谨慎。陈重与雷义一起学习经典，修身养德，因为互相谦让而出了名。

陈重和雷义都曾在郎署任职。当时同在郎署任职的一位郎官欠了别人钱财。债主天天来向他要债，陈重于是悄悄地替这位郎官把债还上了。那位郎官知道之后，非常感谢陈重，陈重说：“不是我做的，或许是有同名同姓的人。”始终不愿意说出自己对别人的恩惠。

还有一次，一位郎官因为有事告假回家，错拿了隔壁一郎官的一件衣服。衣服的主人怀疑是陈重偷的，而陈重并没有替自己申辩，并买了一件同样的衣服还给了他。后来请假的那位郎官回来，将衣服还给了主人，这件事情才水落石出，周围的人这才知道身边居然有这样一位能够受污不辩、有德有量有胸怀之士，于是对他十分钦佩。

雷义在郡府担任功曹的时候，一直提拔推荐善良的人，但却从来不夸耀自己的功劳。雷义曾经救过一个人，这个人后来送来了20两金子，但是雷义坚决不肯接受。于是这个送金人趁雷义不在的时候，悄悄将金子放在了他家的房梁上。雷义后来修理房屋的时候才发现金子，但是金子的主人早已过世了，无法送还，于是雷义便将金子交给了县里的负责官员。

雷义后来被举荐为茂才，他想要把职位让给陈重，刺史不同意，雷义就装疯，披头散发地在外面跑，不理官府的任命。先前陈重被太守举荐为孝廉时，他也曾要将孝廉让给雷义，先后给太守写了十几封信，但是太守并没有理会。

同乡的人都赞叹说：“胶和漆已经很坚固了，但是这也比不上雷义和陈重的友谊啊！”两人因为谦虚推让的美德而出名，当时的“三公府”决定同时召用二人，并委以要职。

教会孩子灵活变通

【原文】

变则新，不变则腐；变则活，不变则板。

——李渔

【译文】

变通活用就能创新，不变则会迁腐；变通活用就能活脱，不变则会呆板。

言 传 身 教

只有方，没有圆，处理政务只是死守着一些规矩和原则，毫无变通之处，不懂得根据具体的情况灵活把握，则流于呆滞和拘泥，走向了另一个极端。

"有圆无方不立。"一个人，只有意识到一切都可能因时空转换而发生变化，才能够把功名利禄看淡、看轻、看开，做到"荣辱毁誉不上心"。

有的人在荣誉宠禄面前也许能经得起考验，但他未必能经受得住屈辱和打击。所谓"富贵不能淫，威武不能屈""宁为玉碎，不为瓦全""士可杀不可辱"等，都是对古注今来那些豪杰英雄的赞美。面对邪恶，为了正义，宁死不屈，以牺牲性命来表现伟大的人生和高尚的人格，这就是至高无上的荣誉。但在特殊情况下，"忍辱"也是为了真理和正义，为了更多的人赢得荣誉，这就是"忍辱负重"。众所周知的《红岩》中的华子良，装疯卖傻那么多年，遭到敌人侮辱，也遭到自己同志的轻蔑，为的就是要在关键时刻营救战友，荣辱观同样伟大高尚，凡夫俗子望尘莫及。

做达观之人，须世事通达。只有世事通达，荣辱不计，才能看清自己的人生方向，看清纷繁的世界，才能活得光彩清白，活得潇洒自如。

家风故事

刻舟求剑

有一个楚国人出门远行。他在乘船过江的时候，一不小心，把随身带着的剑落到江中的急流里去了。船上的人都大叫："剑掉进水里了！"

这个楚国人马上用一把小刀在船舷上刻了个记号，然后回头对大家说："这是我的剑掉下去的地方。"

众人疑惑不解地望着那个刀刻的印记。有人催促他说："快下水去找剑呀！"

楚国人说："慌什么，我有记号呢。"

船继续前行，又有人催他说："再不下去找剑，这船越走越远，当心找不回来了。"

楚国人依旧自信地说："不用急，不用急，记号刻在那儿呢。"

直至船行到岸边停下后，这个楚国人才顺着他刻有记号的地方下水去找剑。可是，他怎么能找得到呢！

船上刻的那个记号是表示这个楚国人的剑落水瞬间在江水中所处的位置。掉进江里的剑是不会随着船行走的，而船和船舷上的记号却在不停地前进。

等到船行至岸边，船舷上的记号与水中剑的位置早已风马牛不相及了。这个楚国人用上述办法去找他的剑，不是太糊涂了吗？

他在岸边船下的水中，白费了好大一阵工夫，结果毫无所获，还招来了众人的讥笑。

郑人买履

郑国有一个人，眼看着自己脚上的鞋子从鞋帮到鞋底都已破旧，于是准备到集市上去买一双新的。

这个人去集市之前,在家先用一根小绳量好了自己脚的长短尺寸,随手将小绳放在座位上,起身就出门了。

一路上,他紧走慢走,走了一二十里地才来到集市。集市上热闹极了,人群熙熙攘攘,各种各样的小商品摆满了柜台。这个郑国人径直走到鞋铺前,里面有各式各样的鞋子。郑国人让掌柜的拿了几双鞋,他左挑右选,最后选中了一双自己觉得满意的鞋子。他正准备掏出小绳,用事先量好的尺码来比一比新鞋的大小,忽然想起小绳被搁在家里忘记带来。于是他放下鞋子赶紧回家去。他急急忙忙地返回家中,拿了小绳又急急忙忙赶往集市。

尽管他紧赶慢赶,还是花了差不多两个时辰。等他到了集市,太阳快下山了。集市上的小贩都收了摊,大多数店铺已经关门。他来到鞋铺,鞋铺也打烊了。他鞋没买成,低头瞧瞧自己脚上,原先那个鞋窟窿现在更大了。他感到十分沮丧。

有几个人围过来,知道情况后问他:"买鞋时为什么不用你的脚去穿一下,试试鞋的大小呢?"他回答说:"那可不成,量的尺码才可靠,我的脚是不可靠的。我宁可相信尺码,也不相信自己的脚。"

这个人的脑瓜子真不懂得变通。而那些不尊重客观实际,自以为是的人不也像这个揣着鞋尺码去替自己买鞋的人一样愚蠢可笑吗?

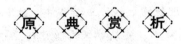

要让孩子学会说"不"

原 典 赏 析

【原文】

君子择交,莫恶于易与,莫善于胜己。

——《张子正蒙注·有德篇》

【译文】

君子择友，最不好的就是结交那种庸碌之人，最理想的是结交强于自己的人，意谓君子应与强于自己的人结交，绝不能结交庸人。

言 传 身 教

"古人亲师择友，晓夕不敢自息。"由此可知，朋友对一个人的影响是很大的。

品行不良的朋友给孩子带来的诱惑影响更为可怕。一旦孩子不堪物质诱惑，就可能伸手索要、设法谋取，在通过正当的手段没有办法实现的时候，很可能就会走上犯罪的道路。所以，作为父母，我们一定要从小就培养孩子抵抗诱惑的能力。

第一，要让孩子懂得一个道理：人的要求是受客观条件制约的。

在丰富的物质世界里，应该充分考虑到自己的家庭经济条件，养成勤俭、节约的生活作风，不搞盲目的攀比，也要适当地克制自己的虚荣心。

第二，加强孩子心理素质方面的培养。

一般来说，对诱惑的抵抗力较差的孩子，都缺乏自主意识，自抗能力不足。对比之下，父母应该帮助孩子提高对事物的辨识能力，认识到贪欲的危害性。同时，要在生活中注意帮助孩子抑制住贪欲，比如对孩子的过分要求可以采取冷处理的方式，让孩子意识到并非所有的要求都能获得满足。另外，家长要注意控制孩子的占有欲，提高其克制能力，做到不为外物所动。

第三，给孩子打一支抵抗诱惑的预防针。

我们要告诉孩子，这个世界上有很多比我们穷的人，也有很多比我们富有的人。别人比我们生活得好，是因为别人努力地工作，辛苦地赚钱了。只要我们也肯付出同样的努力，一定也能获得更好的生活条件。教育孩子利用自己的劳动和付出换取自己想要的东西，比从别人那里接受"诱惑"要好得多。

由于孩子的心态不是很稳定，培养孩子抵抗诱惑的能力，也不能一蹴而就。这是一个长期而又漫长的工作，需要家长拿出足够的耐心。在平时，父母既要承认和满足孩子的一些要求，又要控制某些不良欲望的无限膨胀，提高孩子对金钱物质的抗诱惑力，让孩子健康成长。

割席断交

管宁和华歆是汉末时人，年轻的时候两个人是非常要好的朋友。他俩整天形影不离，同桌吃饭、同榻读书、同床睡觉，相处得非常和谐。

有一次，他俩一块儿去劳动，在菜地里锄草。两个人努力干着活，顾不得停下来休息，一会儿就锄好了一大片。

只见管宁抬起锄头，一锄下去，"当"的一下，碰到了一个很硬的东西。管宁非常奇怪，将锄到的一大片泥土翻了过来。黑黝黝的泥土中，有一个黄澄澄的东西闪闪发光。管宁定睛一看，是块黄金，他就自言自语地说了句："我当是什么硬东西呢，原来是锭金子。"接着，他不再理会了，继续锄他的草。

"什么？金子！"不远处的华歆听到这话，不由得心里一动，赶紧丢下锄头奔了过来，拾起金块捧在手里仔细地端详着。

管宁见状，一边挥舞着手里的锄头干活，一边责备华歆说："钱财应该是靠自己的辛勤劳动获得的，一个有道德的人是不可以贪图不劳而获的财物的。"

华歆听了，口里说："这个道理我当然也懂了。"手里却还捧着金子左看看、右看看，怎么也舍不得放下。后来，他实在被管宁的目光盯得受不了了，才不情愿地丢下金子回去干活。可是他的心里还在惦记着那块金子，干活也没有先前努力了，还不住地唉声叹气。管宁见他这个样子，不再说什么，只是暗暗地摇头。

又有一次，他们两人坐在一张席子上读书。正看得入神，忽然外面沸腾起来，一片鼓乐之声，中间还夹杂着鸣锣开道的吆喝声和人们看热闹吵吵嚷嚷的声音。于是管宁和华歆就起身走到窗前去看究竟发生了什么事。

原来是一位达官显贵乘车从这里经过。一大队随从带着武器、穿着统一的服装前呼后拥地保卫着车子，威风凛凛。再看那车饰，更是豪华：车身雕刻着精巧美丽的图案。车上蒙着的车帘是用五彩绸缎制成的，四周还装饰着金线，车顶镶了一大块翡翠，显得富贵逼人。

管宁对于这些很不以为然，看过之后又回到原处捧起书专心致志地读起来，对外面的喧闹完全充耳不闻，就好像什么都没有发生一样。

华歆却不是这样，他完全被这种张扬的声势和豪华的排场深深地吸引住了。他嫌在屋里看不清楚，干脆连书也不读了，放下书急急忙忙地跑到街上去跟着人群，尾随在车队后面仔细观看。

管宁目睹了华歆的所作所为，再也抑制不住心中的叹惋和失望。等到华歆回来以后。管宁就拿出刀子当着华歆的面把席子从中间割成了两半，痛心而决绝地宣布："我们两人的志向和情趣太不一样了。从今以后，我们就像这被割开的草席一样，再也不是朋友了。"

这就是历史上有名的"割席断交"，这个故事告诉我们交朋友一定要谨慎，生活中我们需要找志同道合的人在一起。所谓"道不同不相为谋"，真正的朋友应该建立在共同的思想基础和奋斗目标上，一起追求、一起发展、一起进步。如果没有内在精神的默契，只有表面上的亲热，这样的朋友是无法真正沟通和理解的，也就失去了做朋友的真正意义。

故事里面管宁处世淡泊名利，不为外界所动，而华歆贪图富贵，更是禁不住对于世俗功名利禄的诱惑，两人绝交是必然趋势。

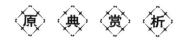

要以己之心度人

原 典 赏 析

【原文】

古语云：见人之得，如己之得；见人之失，如己之失。如是存心，天必佑之。

——《庭言格训》

【译文】

古人说：看到别人得到了，好像自己得到了；看到别人失去了，就好像自己失去了。有了这样的胸怀，上天一定会保佑他。

言 传 身 教

康熙教育孩子"见人之失，如己之失"，与"老吾老以及人之老，幼吾幼以及人之幼"的思想大致相同，这种观点符合人际关系的黄金定律——你关爱别人的时候，就等于别人关爱你。

在这个竞争激烈的时代，人与人的生活是千差万别的。当我们懂得付出、帮助、爱、分享，我们就生活在天堂；若只为自己，自私自利，损人利己，就等于生活在地狱里。地狱和天堂，就在人的一念之间。

喜欢得到，不喜欢失去，这是他人和自己相同的想法。看见别人得到就眼红，看见别人失去就幸灾乐祸，其实是一种心胸狭窄的表现。别人的成功和获得不会对自己造成任何伤害，自己为什么要产生忌恨的心理呢？别人的失败和倒霉不会给自己带来什么好处，自己为什么要高兴呢？这种人不仅不会进步，不会取得成功，反而给自己的心理上造成沉重负担。

每一个孩子都有自己的情绪，情绪有好坏之分。好的情绪表现为友爱、善良、团结、赞美、同情、关怀等；坏的情绪表现为愤怒、暴躁、苦恼、凶狠等。坏的情绪不仅能够伤害人与人之间的友好感情，甚至会由于攻击性情绪的发泄而造成悲剧。那么，父母如何帮助自己的孩子养成好的情绪呢？

第一，帮助孩子对自己有个客观、全面的认识。

父母不应该被"对子女的爱"蒙住双眼，要全面、客观地看待评价孩子，既要看到孩子的长处，也要看到孩子的不足。作为父母，不但要正确地认识孩子，还要帮助孩子形成正确的自我认识。了解孩子都喜欢受到表扬和鼓励的心理，但表扬并不可以不分场合，不讲原则。如表扬不当，就会使孩子骄傲自满，不能正确地进行自我评价，甚至人家取得了成就，便误以为是对自己的否定，对自己是威胁，损害了自己的"面子"。其实，这只不过是一种主观臆想。作为父母应该开导孩子，让孩子真正明白：一个人的成功不仅要靠自己的努力，更要靠别人的帮助，荣誉既是成功者的也是大家的，人

221

第七章 变通处世：交友处世善变通

们给予成功者赞美、荣誉，并损害不到自己任何的利益。

第二，引导孩子在正确认识自己的基础上，正确地对待别人。

平时，家长要有意识地设置环境，创造氛围，使孩子的理智得到较好的发展。让孩子从日常的生活中，学会客观地看待和分析问题的方法，培养孩子分析思考问题的能力。从家长的处世哲学中，体会到"强中更有强中手"。如果父母可以令自己的孩子养成分析问题、研究问题的习惯，孩子的情感就会不断丰富，心理就会日趋成熟。

第三，鼓励孩子学习别人的优点。

父母可以在孩子面前，对获得成功的人多加赞美，同时热情鼓励孩子虚心学习他人长处，积极支持孩子通过自己的努力去超越别人。对遭到不幸的人要教育孩子给予同情，孩子幸灾乐祸是丝毫不能纵容的，那样往往会助长孩子的嫉妒心理。对孩子的挫折，要耐心地同孩子一起做认真的理性分析，帮助孩子找到失败的原因，支持孩子继续努力，绝不可让孩子垂头丧气，一蹶不振。而是想办法让孩子经得起任何风吹雨打，对别人的成功感到由衷的高兴，对他人的不幸给予深切的同情，对自己的失败具有再造成功的信心。

家风故事

心胸豁达的韩琦

韩琦字稚圭、赣叟，相州安阳（今属河南）人，是我国北宋的政治家、名将。

韩琦出身官宦之家，父亲韩国华官至右谏议大夫。韩琦3岁时父母双亡，由兄长抚养。"既长，能自立，有大志气。端重寡言，不好嬉弄。性纯一，无邪曲，学问过人。"天圣五年（1027年），韩琦在弱冠之年考中进士，名列第二。

韩琦一生光明磊落，待人接物心胸豁达，从来不过分苛求人事。在他为官期间，有些读书人经常拿着自己的文章让韩琦指点。凡是他认为好的文章，便抄写下来经常阅读，并且由衷地赞叹："人家的文才比我强多了。"凡是他认为不好的文章，就藏在一个隐秘的地方，不让别人看到。

韩琦胸襟豁达，每当听到别人有了喜事，比如升官发财或者娶妻生子，就替人家高兴，并且说："真是好人有好报啊!"听说别人遇到倒霉的事，就双手置于胸前不停地叹息："真有这事吗? 是不是人们搞错了? 这个人平常很好，怎么会遭遇如此不幸?"

　　当时，有人向韩琦提意见说："既要表扬好人，还要惩罚恶人，这才是正人君子处理事情的态度。您总是表扬而没有惩罚，这种做法有些不妥。"

　　韩琦回答说："当今时代人才辈出，即使想方设法奖励提拔，都难以振兴朝政，怎么可以压抑打击人才呢? 每个朝代都有君子和小人，都有好人和坏人。如果对坏人坏事严厉惩罚，他们就失去了改过自新的机会，反而令其破罐子破摔，犯下更大的罪过。作为一名宰相，为国家培养人才是我义不容辞的责任，因此我看到别人得到就像自己得到一样，看到别人失去就像自己失去一样。"

　　听了韩琦这番话，提意见的人羞愧难当，同时对韩琦更加佩服了。

　　后来韩琦"相三朝，立二帝"，当政十年，与富弼齐名，号称贤相。欧阳修称其"临大事，决大议，垂绅正笏，不动声色，措天下于泰山之安，可谓社稷之臣"。他的儿子封了王爵，女儿做了皇帝的妻子，子孙为官，世世代代家族兴旺。而这些，与他宽宏大度的胸襟是分不开的。

第七章　变通处世：交友处世善变通

参考文献

[1] 刘淑霞. 不吼不叫的家教智慧[M]. 南昌：百花洲文艺出版社，2014.

[2] 陈岳. 中国最美家教书：弟子规[M]. 成都：四川少儿出版社，2013.

[3]《经典读库》编委会. 家教黄金法则：男孩穷养，女孩富养[M]. 南京：江苏美术出版社，2013.

[4]《经典读库》编委会. 中华家训传世经典[M]. 南京：江苏美术出版社，2013.

[5] 冯自勇. 朱柏庐先生家训[M]. 天津：天津大学出版社，2013.

[6] 赵华伦，汪清秀. 中外名人经典家教故事[M]. 北京：金盾出版社，2013.

[7] 陈鹤琴. 家庭教育[M]. 武汉：长江文艺出版社，2013.

[8] 陈鹤琴. 家庭教育与父母教育[M]. 上海：上海人民出版社，2013.

[9] 魏书生. 好父母，好家教[M]. 北京：文化艺术出版社，2012.

[10] 陶继新. 做一个优秀的家长[M]. 北京：文化艺术出版社，2012.

[11] 靳丽华. 颜氏家训[M]. 北京：中国华侨出版社，2012.

[12] 朱明勋. 中国古代家训经典导读[M]. 北京：中国书籍出版社，2012.

[13] 檀作文. 颜氏家训[M]. 北京：中华书局，2011.

[14] 增广贤文·弟子规·朱子家训[M]. 论湘子，评注. 长沙：岳麓书社，2011.

[15] 张铁成. 曾国藩家训大全集[M]. 北京：新世界出版社，2011.

[16] 陈才俊. 中国家训精粹[M]. 北京：海潮出版社，2011.

[17] 张晶. 影响孩子一生的名人家教故事[M]. 哈尔滨：哈尔滨出版社，2010.

[18] 乔资萍. 中外家庭教育经典案例评析 100 篇[M]. 济南：山东人民出版社，2010.

[19] 杨杰. 我身边的家庭教育故事[M]. 北京：作家出版社，2009.

[20] 赵忠心. 听赵教授讲家教的故事[M]. 北京：石油工业出版社，2007.

后　记

后
记

一个家庭或家族的家风要正，首先要注重以德立家、以德治家。其次还要书香不绝，坚持走文化兴家、读书树人之路。习近平总书记谈到自己的经历时，曾经多次谈及自己的淳朴家风。从某种意义上说，正是因为家风家教的缺失，一些人走上社会之后容易失去底线，做出一些违背道德、法律的事情，导致家风缺失、世风日下。现在重提"家风"，是有积极现实意义的。这是一种文化的回归，是一种历史智慧的挖掘与重建。

端正家风，弘扬传统教育文化，传承优秀的治家处世之道，正是我们策划本套书的意图所在。

本套书从历代各朝林林总总的家训里，摘取一些能够表现中国文化特点并且对今天颇有启发意义的格言家训，试做现代解释，与读者共同品味，陶冶性情。

在本套书的编写过程中，得到了北京大学文学系的众多老师、教授的大力支持，安徽师范大学文学院多位教授、博士尽心编写，在设计现场给

忠
言传身教正己身

228

予指导，在此表示衷心的感谢！尤其要特别感谢安徽省濉溪中学的一级教师田勇先生在本套书编写、审校过程中给予的辛苦付出和大力支持！

本套书在编写过程中，参考引用了诸多专家、学者的著作和文献资料，谨对这些资料、著作的作者表示衷心的感谢！有些资料因为无法一一联系作者，希望相关作者来电来函洽谈有关资料稿酬事宜，我们将按相关标准给予支付。

联系人：姜正成

邮　箱：945767063@qq.com